本书受哈尔滨工业大学助理教授科研启动项目（AUGA5630109323）资助

办公空间设计
智慧·健康·活力

张田妹　单彦名　王艺婷　著

OFFICE
SPACE
DESIGN

Intelligence，Health，Vitality

中国建筑工业出版社

图书在版编目（CIP）数据

办公空间设计：智慧·健康·活力 = OFFICE SPACE
DESIGN Intelligence, Health，Vitality / 张田妹，单
彦名，王艺婷著 . —北京：中国建筑工业出版社，
2024.2
ISBN 978-7-112-29495-4

Ⅰ.①办⋯ Ⅱ.①张⋯②单⋯③王⋯ Ⅲ.①办公室
—室内装饰设计 Ⅳ.①TU243

中国国家版本馆 CIP 数据核字（2023）第 249537 号

本书以"办公空间中的运动与活力"作为具体研究对象，通过办公空间活力设计、办公空间活力促进机制、办公空间活力促进设计要素、办公空间活力促进设计策略几个部分，采用实际调研和分析研究结合方式，提出办公室运动行为的干预机制和策略。通过探索基于劝导技术的现代智慧办公空间活力设计干预策略，旨在促进办公空间活力，提高设计干预办公空间活力的效率，促进办公人员的整体健康水平，也为设计干预其他健康行为提供有力借鉴。本书适用于室内设计、健康建筑设计、智慧建筑设计、体验设计从业者和研究人员，以及设计学、建筑学、心理学等交叉学科领域的实践者和研究者阅读参考。

责任编辑：唐　旭　张　华
书籍设计：雅盈中佳
责任校对：王　烨

办公空间设计 智慧·健康·活力
OFFICE SPACE DESIGN　Intelligence, Health, Vitality
张田妹　单彦名　王艺婷　著
*
中国建筑工业出版社出版、发行（北京海淀三里河路9号）
各地新华书店、建筑书店经销
北京雅盈中佳图文设计公司制版
北京中科印刷有限公司印刷
*
开本：787毫米×1092毫米　1/16　印张：11　字数：207千字
2024年2月第一版　2024年2月第一次印刷
定价：**48.00**元
ISBN 978-7-112-29495-4
（42238）

前言 PREFACE

在现代社会，办公空间不再只是一个简单的工作场所，它已经演变成了一个能够塑造文化、促进创新、提高生产力并增强员工幸福感的重要场景。本书探讨了如何将设计理念与科技融合，以创造出富有活力、健康且智能化的工作环境。

随着世界的快速发展，办公空间设计面临了前所未有的挑战和机遇。本书旨在为建筑师、设计师、企业管理者以及所有关心办公环境未来的人提供有关如何构建更加智慧、健康和活力的工作场所的见解。

通过设计方法干预健康行为具有载体丰富、途径多维等优点，在实践中被大量应用。但由于健康行为改变本身的复杂性，导致大多数设计干预效果不理想。劝导式设计是劝导技术在设计学领域的应用，是旨在改变人们态度和行为的设计。研究劝导式设计干预策略，将给设计干预健康行为带来更可靠的理论依据和更有效的干预方法。

本书以办公空间中的运动与活力作为具体研究对象，研究了办公空间活力促进的影响机制、设计要素，进而提出基于劝导技术的现代智慧办公空间活力设计干预策略。本书的研究旨在促进办公空间活力，提高设计干预办公空间活力的效率，促进办公人员的整体健康水平，也为设计干预其他健康行为提供有力借鉴。

在本书中，我们汲取了来自世界各地的案例研究和最佳实践，为您呈现一个全面的视角，帮助您理解办公空间设计的复杂性和多样性。无论您是要设计全新的办公空间，还是要改善现有的工作环境，本书都将为您提供宝贵的指导和灵感。

我要特别感谢所有为这本专著作出贡献的专家和同事们。他们的研究、经验和见解对于本书的完成至关重要。

最后，希望本书能够激发您对办公空间设计的兴趣，并成为您在构建更加智慧、健康和活力的工作环境时的有力参考。

目 录 CONTENTS

第1章

导论：办公空间活力设计

第2章

原理分析：办公空间活力促进机制

第3章

设计分析：办公空间活力促进设计要素

第4章

系统分析：办公空间活力促进设计策略

导论：办公空间
活力设计

本章对办公空间活力设计进行初步解析，对办公空间健康的概念、办公空间健康行为的发展与特点、办公空间健康促进的意义进行了分析和讨论。

首先，从学术研究层面出发，分析了行为改变理论对办公空间健康的支撑作用和劝导技术理论对办公空间健康的推动作用。具体而言，本章回顾了行为改变理论和模型，以及运动行为改变的影响因素。为了理解办公空间情景中特殊的运动行为影响因素，此部分主要分析了办公空间健康行为的背景、特点、主要问题及意义。在劝导技术相关理论上主要解析了劝导相关技术理论和模型，梳理了劝导技术理论的发展，评述了现有理论的成果、局限性和未来可探索的方向。

进而，从学术层面到实践层面分析了劝导式设计如何架起理论与应用之间的桥梁，有效地对人的行为进行干预和塑造，解析了国内外劝导式设计干预的实践和理论成果，并总结了劝导式设计干预研究的不足之处和研究方向。

最终，由概念到发展、由理论到案例、由学术到实践，阐明了劝导式设计在促进办公空间活力方面的潜力和研究价值。

1.1　办公空间健康溯源

1.1.1　相关概念界定

（1）健康

健康是指一个人在身体、精神和社会等方面都处于良好的状态。世界卫生组织将健康定义为"健康不仅是躯体没有疾病，还要具备心理健康、社会适应良好和有道德"[1]。

根据这种理解，健康不但关系到身体的物理状况，而且关系到心理和社会福祉。因此，在处理人们的健康时，不仅要着重于控制疾病，还要逐渐向维持和促进健康转变，即社会福祉的健康状态。随着现代健康观念的发展，许多健康问题从生理方面转向心理方面、从疾病治疗方面转向日常场景下的健康促进。

（2）健康行为

健康行为指人们为了增强体质和维持身心健康而进行的各种活动。

健康行为不但能不断增强体质，维持良好的身心健康和预防各种疾病，而且能帮助人们养成健康习惯。各种疾病的发生和发展都与行为因素相关，通过促进人们的健康行为，可以有效预防疾病的发生。因此，促进健康行为是保证身心健康、预防疾病的关键所在。

（3）运动行为

运动行为指可促进身体健康的身体活动，是健康行为的一种。

本书中的运动行为是指，办公空间工作人员进行的以缓解久坐和工作疲劳为目的的运动行为，涵盖工作期间、工作休息期间、工作通勤期间各种强度的运动行为。例如，工作间隙起立、拉伸等身体活动；工作休息期间的中等强度健身运动；走楼梯、步行至同事工位、骑自行车上下班等。

（4）办公空间

办公空间指处理一种特定事务的地方或提供服务的地方，是进行办公工作的场所。不同类型的企业办公场所有所不同，但均由办公设备、办公人员及其他辅助设备组成。办公场所指建筑或建筑的一部分，其单一或主要的用途是办公工作。

办公工作指管理和处理各类信息的活动，如网络、书面文字、电话电报、传真、书籍。员工的办公工作包括阅读、书写、编辑、处理票据等。这种定义描述了在工作场所中的行为方式 [7]。

由上述的概念可以发现，目前办公空间和办公场所的定义存在重叠。因此，以从事办公工作来定义办公空间环境，本书中所研究的"办公空间情景"指员工处理办公工作的环境 [8, 9]，本书后续将这种进行办公工作的环境统称为"办公空间"，对于进行办公工作的员工统称为"办公空间工作人员"。

（5）办公空间健康行为

办公空间健康行为指办公空间工作人员为了增强体质和维持身心健康在办公空间中进行的各种活动。

现代生产力的发展与生产关系的变化，使得办公空间工作人员的生理压力、心理压力增大，导致办公空间工作人员的健康问题尤为凸显。既往研究表明，办公空间中的生理和心理健康问题处理、健康行为促进，是提高整体社会健康水平的重点研究领域 [10, 11]。同时，能够促进办公空间健康行为，对工作绩效的提升有一定积极影响 [12]。

（6）办公空间运动行为

办公空间运动行为指，在办公空间环境中进行的可促进身体健康的行为活动，是办公空间健康行为的一种，涵盖个人的或集体的、主动的或被动的、不同强度和不同时长的运动行为。

1.1.2 办公空间健康概论

（1）办公空间健康的发展背景

在 20 世纪以后，由于技术的发展和国际秩序的重建，工作性质经历了巨大变化。工作性质的变化带来工作场景、工作内容、工作目标的一系列变化，这些改变给办公空间健康领域带来了新的挑战。

从 20 世纪 40 年代开始，大部分工作的性质开始发生变化，体力劳动逐步被机器所取代，大部分人的工作场景转向办公空间。20 世纪 60~70 年代，以计算机技术为代表的新技术被引入办公工作，致使人们在工作中的身体活动进一步减少。随之而来的是 20 世纪 80 年代全球化，许多组织经历了合并、收购、战略联盟和私有化，组织和公司的性质发生了巨大转变，为提升组织在国际市场上的经济竞争力，工作强度和工作压力开始剧增。20 世纪 90 年代，工作雇佣形式开始进行重大调整，部分组织逐步缩小规模、压缩工作时间、使用短期雇佣合同[13]，以便在竞争日益激烈的全球市场上压缩工作成本、提升竞争力。工作性质和雇佣形式的转变，极大地增加了工作中的任务量、压力和雇员之间的竞争。技术的蓬勃发展与广泛应用带来全新的办公空间工作模式，例如远程工作、自律工作和团队合作等。现代工作更多地依赖计算机技术和通信技术，并且在雇员人数、雇员技能和雇员职能方面均向着更灵活的方式转变[14]。

上述工作性质和工作模式的转变，极大程度地压缩了工作成本、减少了办公空间工作中的身体活动、提高了工作效率，但许多研究讨论了这种变化带来的后果，特别是它们对办公空间环境中健康的影响[14-16]。

（2）办公空间健康的主要问题

自 19 世纪的工业革命以来，节省劳力设备的发明导致了办公空间中身体活动的持续减少[17, 18]。20 世纪以后，信息通信技术的普及和移动互联网的普及，进一步减弱了办公空间中身体活动的必要性。这些变化使办公空间工作人员能够以坐姿完成大部分工作[19]。这种工作模式的变化确实提高了工作效率，但也大大减少了办公空间中的身体活动，增加了久坐行为[18, 20]。根据世界卫生组织的报告，无论是在发达国家还是发展中国家，世界上 60%~85% 的人采取着久坐不动的工作方式，使久坐成为现代社会最为严重的公共健康问题之一[21]。除此之外，以快速完成任务为导向的工作规范和高压力的工作环境，进一步加剧了办公空间中的久坐行为[22]。

久坐是办公空间健康中面临的最主要问题之一。既往研究中，身体活动和久坐行为领域的研究人员，特别是久坐行为研究网络（SBRN）的成员，共同努力阐明了与身体活动（Physical Activity）、不活动（Physical Inactive）和久坐行为（Sedentary Behavior）相关的定义。久坐的定义为"久坐行为是任何以能量消耗 ≤ 1.5METs 为特征的清醒行为，同时处于坐姿、斜倚或躺姿"[23]。

近年来，许多研究已经发现在办公空间中的久坐行为呈现急剧增加的趋势[24, 25]。在大多数工作环境中，公司组织和员工个人都默许办公空间工作人员在工作日的大部分时间里处于久坐状态[26-28]。根据国际劳工组织的报告，工作时间一般规定为每个工作日 8 小时，其中大部分时间办公空间工作人员都处于久坐状态[19, 29]。这些研究结果体现出久坐问题已成为办公空间健康领域中亟待解决的问题。研究表明，办公空间中普遍缺乏身体活动，不但威胁办公空间工作人员身心健康，而且增加了职业疾病和职业伤害的发生率[30]。低水平的身体活动被许多研究证实是导致各种健康问题的重要因素，包括心脏病、高血压、直肠癌、肥胖和骨质疏松症等[31-33]。久坐的生活方式也与社会心理问题，例如抑郁、压力、孤独等心理问题的发生率增加显著相关[34, 35]。此外，久坐行为可能导致下腰痛、颈部不适、慢性肩部问题和许多其他肌肉骨骼损伤[36, 37]。

基于这些办公空间中的久坐行为的研究结果，久坐的负面影响引起了办公空间健康领域研究人员的重视[38]，许多研究建议必须向办公空间工作员工提出身体活动计划和干预措施，以提高他们的健康水平[39-41]。早期研究结果表明，工作场所中的身体活动可以改善久坐员工的健康状况，并减少久坐行为引起的健康问题[42, 43]。因此，促进办公空间运动行为，是解决办公空间工作人员久坐及其导致的健康问题的机会。

（3）办公空间健康行为的特点

①有利性

办公空间健康行为不仅有利于个体，也有利于办公空间环境。例如，办公空间工作人员不在非吸烟区吸烟、在办公空间中保持安静等行为。

②规律性

办公空间健康行为是有规律的，但这种规律也可能被工作任务打破。例如，办公空间工作人员会习惯在工作一小时后饮水、在连续工作两小时后起身进行活动，但在工作任务过多的情况下，这些行为就会受到限制。

③和谐性

办公空间健康行为是与所处环境和谐的，具体又分为物理环境的和谐和社交环境的和谐。例如，一些办公空间环境设计仅满足最基本的工作需求，没有合适的空间进行身体活动；一些办公空间环境中缺乏活力，例如周围同事的态度和办公空间文化的影响，导致个体很难在该环境中进行运动行为。

④一致性

办公空间健康行为是有内部一致性的。与所有行为一样，办公空间健康行为的外在表现与内部动机具有一致性。例如，只有办公空间工作人员内心产生想运动的想法时，办公空间运动行为才可能会发生。

⑤可控性

办公空间健康行为是可控的。例如，办公空间运动行为的类型、强度、进行的时间都是在执行者的能力范围内的、可以控制的。

（4）办公空间健康行为的意义

办公空间健康行为的意义可从公司和员工两个角度来分析，不管是从公司层面还是从员工层面，办公空间健康行为都具有十分重要的意义。

①对公司而言，组织促进办公空间健康行为的意义

第一，组织促进办公空间健康行为对员工的幸福感和健康有重要作用。Windlinger（2012）、Janser 及同事（2015）[44, 45] 进行的相关研究表明，办公空间环境以及促进办公空间健康行为改变的过程会影响员工的福祉和健康。

第二，健康的办公空间环境会减少由于生病或压力导致的缺勤，提高了公司运作效率，为公司节省了成本。Krauseet 及同事（2016）的研究表明，健康行为与工作绩效有关 [46]，有益健康的办公空间环境可通过减少疾病或压力相关因素获得更高的公司运作效率 [45]。

第三，健康本身是办公空间环境中的一种组织价值，使用人单位更具吸引力。办公空间反映了企业文化 [47]，因此，办公空间中的健康行为和氛围可以凸显组织价值，增加用人单位的吸引力。

②对员工而言，个人进行办公空间健康行为的意义

第一，员工在办公空间中进行健康行为会获得幸福感并减少压力。Meijer 及同事（2019）的研究表明，办公空间中进行健康行为和健康行为管理可以促进工作福祉、减少压力，并提高员工总体健康水平 [48]。

第二，办公空间健康行为与员工个人身体情况之间存在正向联系。Janser 等人（2015）的研究表明，员工对办公空间中健康相关因素的满意程度（例如：室内气候、隐私、噪声、美学外观等）与自我报告的身体情况（例如：皮肤问题、眼睛问题、呼吸

问题）有显著相关性[45]。

　　第三，员工享有健康的办公空间会获得减轻压力、处理健康问题的资源。例如，员工的隐私权调节、减少干扰和分心的可能性、放松和进行运动的渠道等。促进办公空间中健康行为的设计可以为员工提供途径，以减轻工作中的疲惫、生理和心理压力[45, 49]，便于员工进行自我健康调节和自我健康管理。

1.2　行为改变理论对办公空间健康的支撑

1.2.1　健康信念理论

　　健康信念模型（Health Belief Model，HBM）是一种社会心理学领域健康行为改变的模型，可以用来解释和预测健康相关的行为。健康信念模型是由美国社会心理学家 Rosenstock I. M.，Hochbaum G. M.，Kegeles S. S. 和 Leventhal H. 在 20 世纪 50 年代首次提出的[50]，为最早的健康行为理论之一。健康信念模型被广泛应用于理解医疗服务模式、运动行为促进计划中的参与、健康风险行为等的研究中[51, 52]。

　　健康信念模型的结构如图 1-1 所示，该理论认为在理解与健康有关的行为时，核心在于避免疾病，人们希望某种健康的行为可以预防潜在的危险和疾病，其中包括四种与行为转变紧密相关的信念。

　　①感知易感性：感知易感性是指对健康问题风险的主观评估。健康信念模型预测，认为自己容易受到特定健康问题影响的个人将采取行为来降低他们患健康问题的风险。

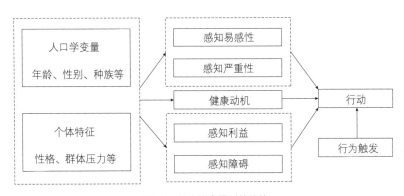

图1-1　健康信念模型的结构

②感知严重性：感知严重性是指对健康问题的严重程度及其潜在后果的主观评估。健康信念模型认为，给定的健康问题严重的个人更有可能采取行为来防止健康问题的发生。

③感知利益：与健康相关的行为也受到采取行动的感知好处的影响。感知利益是指个人对参与健康促进行为以降低疾病风险的价值或功效的评估。如果个人认为某个特定行为会降低对健康问题的易感性或降低其严重性，那么他（她）很可能会从事该行为，而不管有关该行为有效性的客观事实如何。

④感知障碍：感知障碍是指个人对行为改变障碍的评估。即使个人认为某种健康状况具有威胁性并相信特定行动将有效减少威胁，障碍也可能会阻止参与促进健康的行为。换言之，感知的好处必须超过感知的障碍才可能发生行为改变。

健康信念模型认为行动提示对于促进健康促进行为的行动是必要的。行动提示可以是内部的或外部的，包括自身生理提示或来自他人的外部提示。健康信念模型被广泛应用在相关领域的研究中，发展至 1988 年，自我效能感作为促进行为改变的重要因素被添加到健康信念模型中 [53]。自我效能被添加到健康信念模型中后，该模型可以更好地解释健康行为改变中的个体差异。

1.2.2　保护动机理论

保护动机理论（Protection Motivation Theory，PMT）是由 Rogers R. W. 于 1975 年提出的 [54]。1983 年，Rogers 博士将 PMT 理论扩展成了一般性的说服沟通理论。

PMT 理论认为，保护动机的形成是人们通过对威胁评估（Threat Appraisal）和应对评估（Coping Appraisal）两个要素的评估综合作用而形成的决策。威胁评估是评估情况的严重程度并检查情况的严重程度，而应对评估则是对情况的反应。如图 1-2 所示，威胁评估包括感知威胁事件的严重性和感知其发生概率或脆弱性。应对评估包括感知反应效能，或个人对执行推荐行动将消除威胁的期望，以及感知自我效能，或相信自己有能力成功执行推荐的行动方案 [54, 55]。保护动机理论认为，个体的威胁评价和应对评价两个因素，共同组成保护动机，继而促进行为的发生或保持 [56, 57]。

类似于健康信念理论，保护动机理论也认为在态度变化和行为改变中，认知过程的作用不可忽视。然而，保护动机理论深入地阐释了行为转变的内部机制，对健康信念理论的研究成果进行了扩充 [52]。

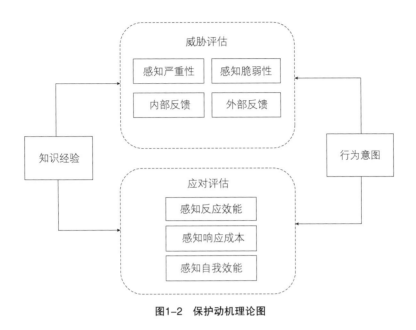

图1-2 保护动机理论图

迄今为止，保护动机理论被广泛地运用在锻炼身体、戒烟、戒酒、安全性行为和乳腺自我检查等多种自我保护健康行为的预测和改变中[58-60]。众多实证研究表明，自我效能感和易感性是预测行为改变意图和健康行为发生的最重要因素。

1.2.3 计划行为理论

计划行为理论（Theory of Planned Behavior，TPB）是由 Icek Ajzen 所提出的一种行为决策模型，主要用以预测和了解人类的行为[63]。计划行为理论由 Martin Fishbein 和 Ajzen 于 1980 年提出的理性行为理论发展而来。自理性行为理论提出以来，诸多研究表明，行为意图并不等于实际行为。因此，Ajzen 在模型中引入"感知行为控制"要素，扩展了该模型以更好地预测实际行为。

如图 1-3 所示，计划行为理论认为行为态度、主观规范和感知到的行为控制三个要素，对行为意图具有预测作用。同时，行为意图、感知到的行为控制又可以直接影响行为[64]。基于对过去二十几年计划行为理论的实证研究进行的综述性分析发现，行为态度、主观规范和感知到的行为控制对行为意图的预测率保持在 40%~50%。同时，行为意图和感知到的行为控制对健康行为改变的贡献率为 20%~40%。而在控制了行为意图的作用后，感知到的行为控制仍然对行为产生积极且重要的影响[64]。迄今为止，该理论

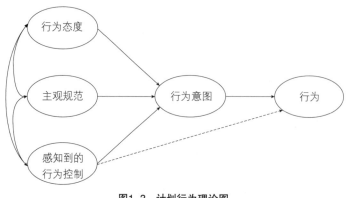

图1-3　计划行为理论图

成功地预测佩带汽车安全带、吸烟、饮酒、使用安全套、定期体检、使用牙线和自我检查乳腺等健康行为的发生[65]。

1.2.4　跨理论模型

跨理论模型（Trans-theoretical Model），又被称为改变阶段模型，是在综合多种理论的基础上形成的一个系统地研究个体行为改变的模型。该模型由美国心理学教授James Prochaska 于 20 世纪 70 年代末提出[66]。跨理论模型认为，健康行为改变是一个渐变的过程，其中包含了改变阶段、改变过程、决策平衡、自我效能和诱惑。一般的行为改变遵循六个阶段：无打算改变、打算改变、准备、行动、保持、终止。个人健康行为改变可能不断反复，因此改变阶段的进展不一定是线性的。

跨理论模型预测了个人健康行为改变的过程：意识唤起、情感唤起、自我再评价、环境再评价、自我解放、社会解放、帮助关系、反条件作用、强化管理和刺激控制。个人是否能从一个阶段过渡到另一个阶段，取决于中间阶段进展的改变过程，改变阶段和改变过程的匹配可能推动个体健康行为的改变[66]。决策平衡反映了个人权衡行为改变的利益和代价。自我效能是应对特定情景、不会恢复到他们以前行为状态的信心，而诱惑与自我效能相反，是在困难情况下从事特定行为的强烈力量[66]。

以跨理论模型为基础的干预研究试图将干预与跨理论模型建构中的个人需要相匹配，并传递到更多个体。此类研究多集中在戒烟、合理饮食和身体活动等方面，压力管理、药物依从性、欺凌预防等领域的研究也在逐步增多[67]。

1.2.5 社会认知理论

社会认知理论（Social Cognitive Theory）是由 Albert Bandura 提出的，作为他的社会学习理论的延伸[68]。社会认知理论认为，个人知识获取的部分可能与在社会互动、经验和外部媒体影响的背景下观察他人直接相关。当人们观察执行行为的后果时，他们会记住事件的顺序并使用此信息来指导后续行为。这种观察还可以促使观察者参与他们已经学会的行为[68, 69]。

如图 1-4 所示，社会认知理论由环境因素、行为因素以及个体因素（包括心理与认知过程等）组成。人们通过观察他人来学习，环境、行为和认知是影响相互三元关系发展的主要因素[70]。

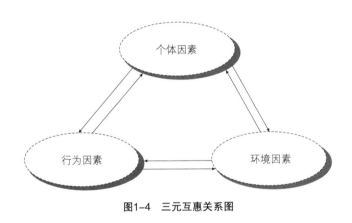

图1-4 三元互惠关系图

1.2.6 信息—动机—行为技巧模型

信息—动机—行为技巧模型（Information-Motivation-Behavioral Skills Model）于 1992 年由 Fisher J. D. 和 Fisher W. A. 在危险性行为研究中首次提出。信息—动机—行为技巧模型被开发以来，主要应用于预测预防性健康行为和实施健康教育。该模型由四个因素构成，分别为信息因素、动机因素、行为技巧因素和预防行为因素[71-73]。

信息—动机—行为技巧模型认为，满足充分知情的、有行动的动力、具有执行行为的基础技巧这三个要素的人，更有可能采取健康行为[71, 72]，但其干预效果和对行为的预测效果，会因行为特征和干预机制特征有所差异[74]，也有研究表明该模型在特殊环境和文化因素的条件下，预测能力受限[75]。

1.2.7 认知一致性理论

认知一致性理论（Cognitive Consistency）是社会心理学最早的概念之一。Fritz Heider 在 1946 年首次提出了社会心理学中认知一致性的概念。然而，在 20 世纪 50 年代，社会心理学的先驱人物，例如 Leon Festinger、Fritz Heider、Theodore Newcomb 和 Charles Osgood 等都提出了结合认知一致性和支持性研究的理论。正是这些理论家和他们的工作形成了认知一致性理论的核心群体，其中包括认知失调一致性理论、平衡或 P–O–X 理论、A–B–X 系统和一致性原则。除了这个核心群体，其他一些理论家继续对这个概念进行扩展性研究。

认知一致性理论认为，人们的态度和行为会处于平衡状态[76]。该理论也为行为改变科学提供了理论支撑，在实际项目中劝导行为的改变会带来态度的改变，有研究认为劝导行为改变方式比劝导态度改变更为有效[77]。这一研究结论也为劝导式设计的评估提供了新的思考方向，在行为改变难以评估的情况下，可在劝导式设计的评估中对态度进行评价，作为标准来衡量行为改变的效度。

1.3 劝导技术理论对办公空间健康的推动

（1）劝导（Persuasive）

劝导（Persuasive）又可翻译为"说服"，最早的劝导概念可追溯到古希腊时期，以亚里士多德为代表的智辩家们研究如何通过语言的能力说服他人。亚里士多德在《修辞学》中提出了三种说服的艺术，即人品诉求（Ethos）、情感诉求（Pathos）和理性诉求（Logos）。该哲学观点在现今的用户体验设计领域常被应用为一种吸引用户的指导策略。

现代的劝导被定义为"通过运用各种信息来改变别人的态度所作的努力"。Cialdini R. B. 在其于 1984 年首次出版的《影响力：劝导心理学》一书中，提出了影响力的六大原则[100]，这六大原则被称为"影响力的六种武器"，是现代说服研究领域中较为著名的理论，被各个学科广泛使用在学术研究和实践应用中。

（2）劝导技术（Persuasive Technology）

劝导技术（Persuasive Technology）的概念是斯坦福大学实验心理学家 Fogg B. J. 在

研究人机交互技术对心理产生影响时的发现，由此 Fogg 首次提出了劝导技术这一概念。Fogg 对最初劝导技术的定义为"为改变人们的态度和行为而设计的基于计算机的工具"[101]。随着计算机技术与人机交互的快速发展，Fogg 在 2003 年将劝导技术的定义更新为"任何旨在改变人们态度和行为的可交互智能系统"。

近年来，劝导技术被广义地理解为一种通过非强制手段、利用说服和影响改变用户的态度或行为的技术。劝导技术被各学科广泛地应用于销售、外交、政治、宗教、公共卫生和管理等领域的学术研究和实践策略中，并有极大潜力被用于任何人与人或人与机交互的领域[102]。

（3）劝导式设计（Persuasive Design）

劝导式设计（Persuasive Design）也有文献中翻译为"劝导设计""有说服力的设计"或"有目的的设计"。劝导式设计是劝导技术在设计学领域的具体应用，因此沿用劝导技术的定义，劝导式设计可以定义为"任何旨在改变人们态度和行为的设计"。本书认为"劝导式设计"的翻译更符合该词汇原本的意义，也更易理解，因此本书后续均使用"劝导式设计"一词。

劝导式设计是一种以目标为中心的设计方法，区别于设计学以往以用户为中心的设计方法。Richard B. 教授在设计研究中提出了一种观点："产品是设计师引导人们生活方式的外在形式"，这可以理解为设计学视角下对"劝导式设计"的解读。设计师可以通过产品来引导人们的行为、塑造人们的生活方式，有劝导作用的产品融入了设计师对积极生活方式的倡导。Richard 教授提出："当一个产品成功引导我们改变或形成了某种生活方式，说明设计师在可用、有用、想用间做出了良好的权衡和选择[103]"。一个有效的劝导式设计应该达到可用、有用、想用之间的平衡状态，只有当这三点同时满足时，劝导式设计才可能发挥作用。

1.3.1 影响力法则

Cialdini R. B. 教授是著名的社会心理学家，其主要的研究聚焦于社会影响、市场营销和劝导学。在 Fogg 教授将"劝导技术"定义为一个新的学科之前，Ciadini 教授对劝导理论的研究及诸多应用性成果为劝导领域的发展及理论的形成提供了基础。Cialdini 教授最为著名的成果是其在 1984 年出版的《影响力：劝导心理学》一书，在这本书中 Cialdini 教授提出了影响力法则[100]，其中包括承诺与一致性、权威、互惠、喜好、稀缺性和社会证明，具体如下：

（1）承诺与一致性（Commitment & Consistency）

假如个人或社会承诺了某一个目标，那么个人或社会就会被这一目标推动，为了保持该承诺的一致性，个人或社会就会更倾向于去坚持完成最初的承诺。另外，个人或社会一旦作出承诺，便会寻找新的理由来支撑自己做出的承诺。同时，承诺的形式越正式化、书面化、公开化，其劝导作用越强。

（2）权威（Authority）

可以利用处于群体或社会中具有权威的人的力量，来对个体或社会产生影响。其中权威可以通过职务、头衔、身份标志、服装等符号体现。在许多研究场景中，研究人员都证明了权威会使人们产生服从感，是一种非常有力的劝导力量。

（3）互惠（Reciprocity）

假如个人从他人或外界感到受惠，那么将会触发他的互惠反馈，人们的这种互惠意识可以用来实现劝导目标。例如，在商业谈判或营销场景下，当一方率先作出利他行为或让步时，另一方也会基于互惠意识来进行回报。

（4）喜好（Liking）

可以利用个体更容易相信自己喜欢的人，或答应自己喜欢的人提出的要求这种特性，来对个体实施劝导。具体而言，喜好相关的因素又包括外表魅力、相似性、赞美、接触与合作、条件反射与关联等。

（5）稀缺性（Scarcity）

可以利用个体对稀缺物品的追求，来实现劝导目标。具体而言又分为两种：第一是人们通常会以得到一件物品的难易程度来衡量和判断其价值；第二是随着某事物得到的概率变小和选择权力的减少，人们会增加获得该事物的动机。

（6）社会证明（Social Proof）

在个体进行选择和价值判断的时候，往往会追求一种集体意识或集体共识，可以利用这种特性来实现劝导目标。一般社会个体在对某些行为产生不确定、含糊不清、意外性较大的感受的时候，会选择与大众相同的行为，该观点与心理学中的"从众心理"有类似之处。

Cialdini教授在书中所提出的六种影响力原则，是对心理学中相关观点的总结，并且详细阐述了如何将这些影响力法则应用于劝导领域。

1.3.2　助推原则

Thaler R. H. 与 Sunstein C. R. 在他们 2018 年出版的《助推——如何做出有关健康、财富与幸福的最佳决策》一书中，使用"助推"这一词汇来表达：使用一种可预测的方式改变人们的行为，而不禁止任何选择或显著改变人们的经济激励[104]。助推是劝导理论更具体化的实践应用方案。

作者在该书中强调了设计的作用和职能，设计师也可以被理解为决策建筑师，设计师可以通过设计手段来帮助人们做出更好的决定、改善人们的生活。助推原则包括六个要素：动机（Incentives）、理解权衡（Understanding Mappings）、默认选项（Default）、反馈（Give Feedback）、预计错误（Expect Error）、结构性复合选择（Structure Complex Choice）。随后，作者分别在理财产品购买、学校选择、医患之间信赖关系、婚姻私有化几个不同的领域讨论了助推理论及六个助推原则的应用。

助推理论中强调"自由主义专制"，即选择本身是自由的，但选项的呈现方式是包含着提供者的价值判断的。这种观点与本书探索的通过劝导式设计去干预用户行为有相似之处。设计的载体是客观的、服务于用户的，但设计的形式和设计包含的深层次作用，是包含着设计师主观思考和美好愿景的。

1.3.3　Fogg 团队研究

"劝导技术"的概念最初是由美国斯坦福大学的研究人员 Fogg 提出的，Fogg 博士作为一位计算机科学与社会科学领域的研究人员，在计算机对人类行为的影响领域有着深刻的见解。他于 1996 年提出了"计算机作为劝导技术"的概念，并在斯坦福大学成立了行为设计实验室，由此引发了学术界对该领域研究的关注。Fogg 博士撰写了其重要的著作 Persuasive Technology：Using Computers to Change What We Think and Do，这本著作连同他的早期研究成果，激发了关于劝导技术的年度全球学术会议——劝导技术会议。

（1）劝导技术概念的提出与 Captology 的定义

Fogg 博士在劝导技术的应用性研究中，又延伸出一个新的概念"Captology"[105]。该词来源于缩写词 CAPT（Computers as Persuasive Technologies）。Captology 作为一新术语，主要研究计算机作为劝导技术的工具，由此计算机劝导技术成为了一个多学科交叉

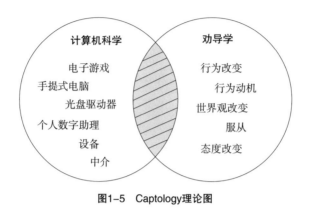

图1-5 Captology理论图

的创新研究领域。如图 1-5 所示，表示了 Captology 学科所处的位置，其学科定位在计算机科学与劝导学之间的相交部分。该学科的定位也完全符合计算机作为劝导技术工具的研究内容。

劝导技术的三个特点是"有目的的""非强制的"和"可交互的"，其三个特点与人机交互领域中交互设计的特点有类似之处。因此，本书认为将劝导技术应用于设计学具备天然的优势与极大的研究潜力。

（2）FBM 行为模型

FBM 行为模型是 Fogg 于 2009 年提出的一种行为模型，该行为模型可以帮助研究人员理解一般的行为改变[31, 102]。如图 1-6 所示，FBM 行为模型表明，要使某一特定行为发生，三个关键要素必须同时具备：动机、能力和触发点。反言之，如研究人员在分析某目标行为没有发生的原因时，则至少缺少这三个要素中的一个。

FBM 模型使研究人员和设计人员更容易理解人们的行为。当使用 FBM 模型进行行为观察时，大量模糊的心理学理论和劝导技术理论变得有条理和具体，该模型对劝导技术理论和实践都有着指导性作用，国内外学者基于 FBM 模型进行了大量的研究和扩展。FBM 模型是劝导技术领域的一个基础行为模型，后续研究中不同领域的学者对该模型的理论进行了延伸和补充，也有大量实践和市场化产品建立在该模型的指导理念上。

FBM 模型中突出了三个主要元素，每个元素都有其对应的子组件。FBM 模型的主要创新之处在于，该模型显示行为是三个元素同时作用的结果，强调行为的动态变化和各因素之间的权衡关系。

如图 1-6 所示，中间的曲线表示"行动线"；横轴表示采取这一行动的能力，右侧表示"容易完成"，左侧表示"难以完成"；纵轴表示核心动机，上方表示"高动机"，

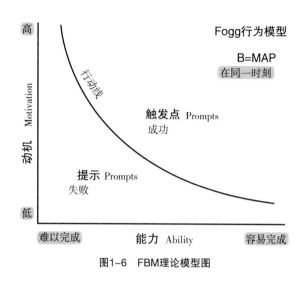

图1-6　FBM理论模型图

下方表示"低动机"；在"行动线"的两侧分布不同的提示类型，高于行动线的提示可以成功地引发行为，反之低于行动线的则提示会导致行为失败。FBM 模型显示的动机和能力是可以权衡的。例如，如果动机非常高，能力即使很低，也可以到达行动线，反之亦然。FBM 模型阐述的这种动机和能力之间补偿关系，最直接地适用于行为改变设计的实际问题，这也是 FBM 模型是实践中应用最广泛的模型之一的原因。

FBM 模型解释了三个元素的子组件，具体如下：

①动机（Motivation），设计动机的目标是将用户提升到 FBM 模型中纵轴中更高的位置。动机是一个广泛应用于各个领域的术语。为了在 FBM 模型中清楚地说明动机这一术语，Fogg 及其同事创建了一个动机框架，它有三个核心动机，每个动机都包含两方面，具体如下：

动机 1：快乐与痛苦。FBM 模型中的第一个核心动机因素是快乐和痛苦，快乐和痛苦作为动机因素的结果是直接的。快乐和痛苦是一种原始的反应，当设计师寻求提升动机水平的时候，可以参考人们快乐和痛苦是如何体现的。

动机 2：希望与恐惧。FBM 模型中的第二个核心动机因素是希望和恐惧。这个维度包含人们对结果的预期，希望是对好事发生的期待，恐惧是对坏事的预期。

动机 3：社会接受与拒绝。第三个 FBM 模型核心动机因素是社会维度的，这个维度控制着人们的社会行为，人们有动力去做那些能够赢得社会认可的事情，避免被社会拒绝。

FBM 模型不对动机的作用效果进行排名。相反，设计师和研究人员应该考虑每一个核心动机，并将其适用于整体的设计中。在实践的探索中，许多研究表明希望和恐惧一直是劝导的强大动力，也是最合乎道德、最有力的动机。

②能力（Ability），表达完成一个行为的难易程度。在现实世界的设计中，提高能力通常并不意味着教会人们做新的事情或者训练他们去改进。人们通常抵制教学和培训，因此要求人们学习新东西的劝导方式经常失败。相反，为了提高用户的能力，劝导式的设计者必须使行为更容易做到，即使行为本身变得简单。

能力因素中也包含若干子要素，包括了时间、金钱、体力劳动、大脑循环、社会异常和非常规。每个个体都具备不同的能力要素，有些人有更多的时间，有些人有更多的钱，这些因素因人而异，也因环境而异。劝导式设计需考虑到能力的子要素，有效地减少执行目标行为的障碍。

③提示（Prompts），也可称之为触发点。当人们已经有足够的动力和能力，则需要一个提示来促进行为的产生。提示又分为三个子要素，具体如下：

提示1：火花。当人们缺乏执行目标行为的动机时，提示应该与动机一起设计，这种类型的提示叫作"火花"。火花的例子可以是突出恐惧的文字，也可以是激发希望的视频。

提示2：促进者。第二种提示类型是"促进者"，这种类型的提示适用于那些动机强烈但缺乏能力的用户。一个促进者的目标是在触发行为的同时也让行为变得更容易。

提示3：信号。第三种提示被称为"信号"，当人们有能力和动机去执行目标行为时，这种类型的提示作用最为显著。信号并不寻求激励人们或者简化任务，它只是一个提醒，简单地表明行为是适当的。

随着劝导技术的发展，提示的作用变得越来越重要。现代社会中，当设计结合了人机交互技术时，用户可以非常容易地接收一个提示并立即执行目标行为。例如，当社交网络为用户推送一条提示，表明有人在照片中标记了该用户，用户会立即点击链接查看照片，这种提示行为耦合从未如此强烈过。在劝导式设计中，结合通信技术与人机交互的多种方式，提示的设计也具有极大的设计空间和设计潜力。

（3）行为网格

行为网格是Fogg博士于2009年提出的，其发表的论文中概述了35种行为类型[106]，但Fogg博士在其后续研究中更新了该研究成果，认为具有15种行为类型的较新网格更好。

行为网格理论提出了一种将目标行为与实现行为的解决方案相匹配的方法。首先将行为改变目标分为 15 大类型。后期阶段侧重于目标行为的触发点以及相关的劝导技术。这种有说服力的设计的新方法以及该理论提出的定义，可以加深设计人员和研究人员对行为变化模式的洞察。

如图 1-7 所示，行为表格中纵向包括三个维度，分别是点状行为、段式行为、路径行为，是按照行为延续时间来定义的。行为表格中横向包括五个维度，分别是全新的行为、熟悉的行为、增加行为强度、减小行为强度、停止已有行为。行为网格中共包含 15 种行为，可以由横向和纵向交叉来进行定义。其中行为网格理论又对 15 种行为类别都进行了具体的阐述与说明。

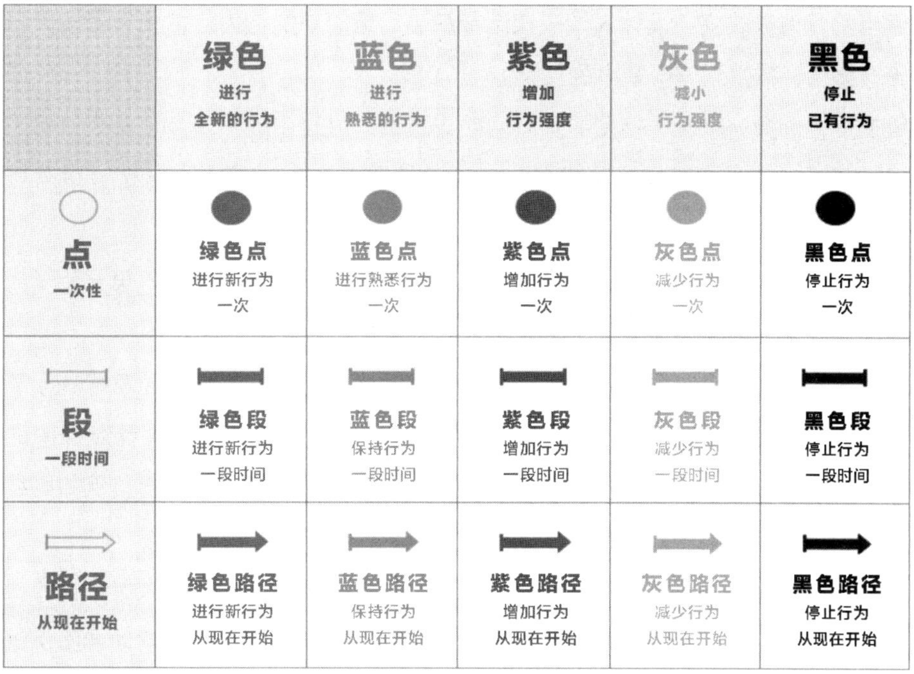

	绿色 进行 全新的行为	蓝色 进行 熟悉的行为	紫色 增加 行为强度	灰色 减小 行为强度	黑色 停止 已有行为
点 一次性	绿色点 进行新行为 一次	蓝色点 进行熟悉行为 一次	紫色点 增加行为 一次	灰色点 减少行为 一次	黑色点 停止行为 一次
段 一段时间	绿色段 进行新行为 一段时间	蓝色段 保持行为 一段时间	紫色段 增加行为 一段时间	灰色段 减少行为 一段时间	黑色段 停止行为 一段时间
路径 从现在开始	绿色路径 进行新行为 从现在开始	蓝色路径 保持行为 从现在开始	紫色路径 增加行为 从现在开始	灰色路径 减少行为 从现在开始	黑色路径 停止行为 从现在开始

图1-7 行为网格理论模型图

行为网格理论在劝导式设计中具有较高的应用价值。Fogg 博士认为移动设备改善行为具有巨大的潜力。使用移动设备作为劝导平台是相对较新的技术，但其潜力正在不断增长，行为网格理论是可以深入帮助相关研究人员了解移动说服的一种方法。Fogg 博士及其团队，根据其在移动说服方面的研究和设计实践经验，评估了使用手机实现行为网格中每一行和每一列所指定行为的潜力 [106]。考虑行为网格横向维度中的行为类型，并且评估了移动平台是否擅于激发这种行为。针对行为类型和移动劝导，对每个行和列重复上述的评估步骤。研究人员在行为网格上创建了一个地图，显示了移动设备劝导的最佳和最差区域。该研究展示使用行为网格作为设计说服体验的生成工具的巨大开发潜力。

（4）劝导式设计八步流程

Fogg 博士在 2009 年劝导技术会议上提出了一种通过八个步骤的流程，来创建一个有效的劝导技术系统的方法 [4]。该流程阐明了劝导式设计的早期阶段，想要达到最佳的实践状态，需要遵循的八个步骤。该劝导式设计八步流程，源自行业实践中已证明的成功案例，对设计研究人员有重要的参考作用。其中八个步骤具体如下：

第一步，选择一个简单的行为作为目标。设计一个成功的劝导系统的第一步是选择一个适当的行为来改变。设计人员应该选择最小、最简单的行为，需要在诸多大目标中进行筛选整合，减少到一个最小的目标。

第二步，选择一个乐于接受的受众。劝导式设计过程中的第二步涉及为目标干预选择正确的受众，在受众不是由项目预先决定的情况下，Fogg 博士主张选择最有可能接受目标行为改变的受众。

第三步，一旦设计人员选择了合适的行为和目标受众，就可以进入第三步了。在此步骤中，设计人员必须确定是什么阻止受众执行目标行为。

第四步，选择一个熟悉的技术渠道。什么技术渠道是最适合的，通常取决于三个因素：目标行为、受众，以及是什么阻止了受众采纳这种行为——即设计过程中的前三个步骤。这意味着，在大多数情况下，设计人员不能主观选择干预渠道，例如网络、手机、视频游戏或其他渠道，直到前三个步骤完成。

第五步，寻找劝导项目的相关案例。在设计过程的第五步，设计人员应该寻找与前面步骤中定义的干预相关的成功劝导技术的案例。对该特定领域的成功劝导案例进行研究和分析。

第六步，模仿成功的案例。劝导式设计过程的下一步是模仿第五步中收集的成功案例。

第七步，快速测试和迭代。一系列小规模的、快速的测试将比一个大测试更为有效。小规模的快速测试只需要几个小时，这种测试区别于科学实验，而是快速试验，可以协助设计人员高效地评估反馈。

第八步，在成功的基础上扩展。创建一个改变行为的劝导项目后，无论多么小或多么简单，设计人员可以扩展这个成功案例。

1.3.4 PET 理论

PET 理论是由 Dunn J. R. 和 Schweitzer M. E. 于 2005 年提出的理解用户情绪与信任之间的模型，其中"P"代表劝导（Persuasion）、"E"代表情感（Emotion）、"T"代表信任（Trust）[107]。

PET 理论认为，一个有说服力的技术应该被设计为能够激发用户积极的情绪，使用不同的说服原则或策略获得用户的信任，从而成功说服用户达到目标态度或行为[108]。积极的情绪能够增加用户的信任，而负面的情绪会降低用户的信任，情绪对说服的影响是由信任积极地调节的，因此表明三个变量之间的关联。该理论揭示了用户的情绪对用户信任和使用说服技术的说服力的影响[109]，该理论目前较多地应用于电子商务领域，帮助企业建立更好的网站可用性，获得更高的用户留存率。

1.3.5 DWI 理论

DWI（Design with Intent）理论[110, 111]是 Lockton D. 于 2004 年提出的，通过有意图的设计来影响用户行为、减少用户犯错，旨在解决多场景下人机交互潜在问题。

Lockton 认为所有的设计都会影响人类的行为。但作为设计师，我们并不总是有意识地考虑到这种力量可以帮助人们，甚至可以操纵人们。无论我们是否有意地这样做，它都会发生，所以我们不妨利用设计，行为改变的设计有很大的机会来解决社会和环境问题。Design with Intent 工具包[112]为设计师和其他利益相关者以提供指南的方式，汇集来自不同学科的知识，并绘制可以使概念转换的相似之处。该工具包已经从用于处理特定设计特征的非常结构化的方法演变为松散的概念生成工具，通过提出问题并提供特定原则的实例来激发设计思想。

1.3.6 详尽可能性劝导模型

详尽可能性劝导模型（Elaboration Likelihood Model of Persuasion，即 ELM），是由 Richard E. P. 和 John C. 于 1980 年开发的，描述态度变化双重过程的理论[113, 114]。该模型旨在解释个体处理刺激的不同方式、使用它们的原因以及它们对态度改变的结果。ELM 提出了两条主要的劝导途径：中心途径和外围途径。具体如下：

在中心途径下，说服很可能来自一个人对该信息真正优势的深思熟虑[115]。中心途径涉及高水平的消息阐述，其中接收消息的个人对论点产生了大量认知。态度改变的结果将是相对持久的、抗拒的和对行为的预测[116]。

在外围途径下，说服的结果是个体与刺激中的积极或消极因素的关联，或者对所主张立场的优势进行简单的推断。个体在外围途径下接收到的因素通常与刺激的逻辑质量无关。这些因素将涉及诸如消息来源的可信度或吸引力，或消息的制作质量等因素。详细阐述的可能性将取决于个人评估所提出论点的动机和能力[116]。

1.3.7 劝导系统设计和行为改变支持系统

劝导系统设计（Persuasive System Design，PSD）模型和行为改变支持系统（Behavior Change Support System，BCSS）框架[4, 6]，是用于设计、评估和研究说服系统的概念框架。

PSD 理论是奥卢大学研究人员 Oinas Kukkonen 及其团队于 2009 年开发的，支持直接应用于劝导式系统的开发和评估的工具。PSD 理论阐述了劝导系统开发的三个步骤。如图 1-8 所示，展示了劝导系统开发的三个阶段。第一阶段，在实施劝导系统开发之前，了解劝导系统背后的基本问题是至关重要的。只有对其认知达到专业的水平，才能对劝导系统进行分析和设计。第二阶段，劝导系统的语境需要被分析，充分认识到使用说服系统的意图、事件和策略。第三阶段，可以对新的劝导系统进行设计，或者对现有的劝导系统进行评价。

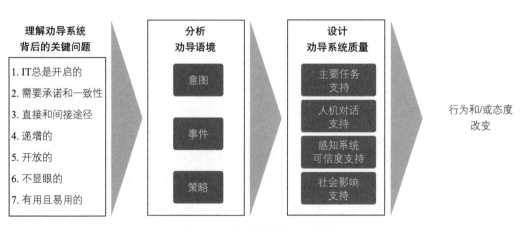

图1-8 劝导系统开发的三个阶段

PSD 理论描述了说服系统开发的过程，并详细解释了劝导系统的七个核心问题、劝导的语境，针对劝导系统质量中的主要任务、人机对话、感知系统可信度和社会影响四个维度提出了具体的设计原则。PSD 模型可用于开发和评估完整的劝导式设计干预措施，实际构建这些应用的软件以及软件的用户体验和干预质量研究。

行为改变支持系统（Behavior Change Support System，BCSS）是由 Oinas Kukkonen 在 2010 年劝导技术会议中发表的重要理论成果，行为改变支持系统被认为是"劝导技术研究的一个关键框架"[117]。行为改变支持系统的定义为"一个信息系统，其目的是在不使用欺骗、胁迫或诱导的情况下，形成、改变或强化态度、行为或顺从行为"。BCSS 在劝导技术领域中的研究，不仅包括人机交互和计算机沟通，还包括其他主题，如开发这些系统的方法、过程和工具，以及研究它们对组织、社会和用户的影响的方法。BCSS 强调软件质量和特性、系统分析和设计，以及最终用户的行为和感知。

1.3.8 CREATE 行动漏斗

CREATE 行动漏斗是 Hello Wallet 的首席行为科学家 Stephen Wendel 博士在其撰写的 *Design for Behavior Change* 一书中提出的一种行为模型[118]。其中 CREATE 是触发点（Cue）、反应（Reaction）、评估（Evaluation）、能力检查（Ability Check）、时间压力（Time Pressure）和经验（Experience）的英文首字母缩写，可以帮助研究人员和设计开发人员简单地记忆该模型的内容。

如图 1-9 所示，CREATE 模型阐释了目标用户行为产生的六个阶段，分别为：触发点，触发用户考虑采取特定行动的触发点；反应，用户对采取行动的想法的本能的第一反应；评估，采取行动的更合理的成本与效益分析；能力检查，用户检查现在是否可以采取行动；时间压力，用户决定是否需要立即采取行动；经验，用户采取行动的行为和随之而来的体验。这六个阶段是有顺序发生的，且在任何一个阶段如果遇到障碍或分心，都会导致行为无法产生。该模型在用户逻辑和流程的视角下，分析了行为产生的原因，对交互设计和互联网产品设计具有较强的实用性。国内外设计人员基于该理论模型进行了较多的实践应用研究，而 Stephen Wendel 博士及其团队对该模型的应用则在理财产品购买和财务投资领域应用较多。

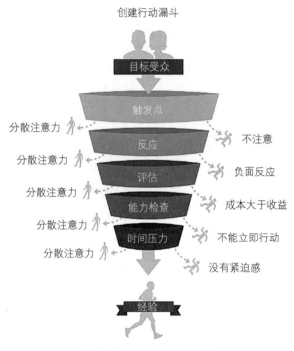

图1-9 行为漏斗理论模型图

1.3.9 行为改变轮

行为改变轮（Behavior Change Wheel）是 Susan Michie 及其同事在 2011 年提出的一种设计干预行为改变的新方法 [119]。因行为改变干预的框架研究已经有很多，但是还不清楚它们对这个行为改变策略的确定有多少作用。Susan Michie 及其同事对这些框架进行了评价，并制定和评价了一个旨在克服其局限性的新框架。

该研究系统地搜索科学数据库中行为改变干预的框架，并与行为改变专家协商，以确定行为改变干预措施的新框架。这些评估是根据三个标准进行的：全面性、一致性和与行为总体模式的明确联系，为满足这些标准制定了一个新的框架。

新框架的核心是一个"行为系统"，包括三个基本条件：能力、机会和动机，Susan Michie 及其同事将其命名为 COM-B 系统。这构成了"行为改变轮"（BCW）的中心，其周围安置了 9 个干预职能，旨在解决其中一个或多个条件下的缺陷；围绕这些职能安排了 7 类政策，以便能够采取这些干预措施。

如图 1-10 所示，行为改变轮的研究结果改善了确定干预措施的特征的方法，并将

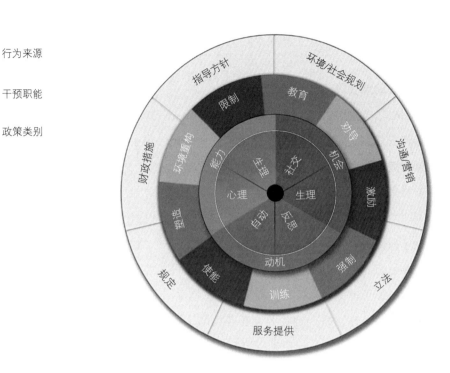

图1-10 行为改变轮模型图

其与目标行为的分析联系起来。该研究审查了 19 个其他现存的框架，涵盖 9 个干预职能和 7 个政策类别，以便能够涵盖这些干预措施。所审查的框架中没有一个涵盖全部干预职能或政策，只有少数符合一致性或与行为模式明确联系的标准。

　　行为改变轮的研究成果通过了英国卫生部 2010 年的烟草控制战略和国家健康和临床优化研究所关于减少肥胖的指导项目，该项目使用了行为改变轮来描述干预措施的特征，证明了行为改变轮的可靠性。

1.4　从学术到实践——劝导式设计对行为的干预

1.4.1　劝导式设计国内研究案例

　　国内从 2008 年起开始有学者对劝导设计进行系统的研究。顾磊[121] 从计算机系统工程的角度对计算机劝导技术研究进行了综述，提出了基于产品生命周期的劝导设计及其劝导力的评估。此后，国内学者对劝导技术在设计领域的应用研究从 2014 年以后开始逐渐增多，其中 2017~2018 年最多。国内学者对于劝导技术的研究主要应用于以下几大领域：

（1）移动互联网产品

刘柏松和辛向阳[122, 123]研究移动互联网产品中的劝导式设计方法。其研究基于移动产品的特征研究，提出了以"养成用户使用习惯"为主要目标的劝导式设计干预策略。该目标的提出兼顾了劝导策略的有效性与移动产品的产品目标。

娄舒婷、邓嵘和曹恩国[124, 125]研究和归纳了劝导设计中的可视化方法。通过对 FBM 模型的要素和用户行为过程分析，提出状态可视化、行为可视化、目标可视化以及成果可视化四个劝导式设计在 APP 中的可视化设计策略。

周逸沁等[126, 127]研究了 FBM 行为模型在不同类型的互联网产品设计中的指导性。通过实例梳理工具类、内容类、社交类、交易类、游戏类，五类不同互联网产品与 Fogg 行为模型的相关性，研究相关要素在各类产品设计中的作用，提出了 FBM 在主流互联网产品中的应用策略。其研究对互联网产品的劝导式设计和劝导式设计改良具有一定的参考意义。

邓嵘和周阳[128]以 FBM 理论和认知心理学相关理论为基础，分析大量互联网产品的案例，发现劝导设计的介入在改变用户行为和提高用户黏性方面起到了重要作用，并总结劝导设计在互联网产品中应用的设计原则和介入策略。

林丹和巩淼森[129]研究了劝导理论在共享类产品中的应用。利用 FBM 模型来解决用户使用共享电动车过程中不规范操作的行为问题，提出了针对共享电动汽车服务的劝导式设计干预策略，即劝导场景合理性、劝导形式高效性、劝导时机恰当性。该研究为共享类产品设计策略提供了新思路。

（2）电子商务型互联网产品

焦玉霞等人[130]将劝导设计理论引入 B2C 购物网站的改良设计。在 UCD 的设计流程中建立劝导设计指南，并以此指南指导设计和评估，发现劝导设计指南对初级用户的购物体验起到了一定的引导作用。

唐晓兰[131]通过设计心理学和行为经济学等领域的研究成果和方法，对 Fogg 劝导设计三要素进行研究，提出了实现要素的具体设计方法。并结合诺曼的行动七阶段理论，构建了提升电子商务数据分析产品的用户体验等级的劝导设计模型。

（3）教育领域

郭利娜、余小鸣等[132]基于详尽可能性劝导模型研究了干预大学生健康教育的持续的行为改变问题。该研究分析了行为改变可持续性受限的原因，使用详尽可能性劝导模型从行为改变受众的视角出发，来研究健康教育的信息认同度，从而提高健康教育项目的效果。在大学生健康教育中，应考虑大学生性别的影响，并根据大学生对信息的认同度来设置健康教育信息内容。

盛泽晧[133, 134]、李卿[135] 等人研究了在小学生和儿童群体中的劝导式教育问题，其研究主要集中在针对目标人群（低龄人群）的产品互动形式，与其他通用性设计要素略有区别。

（4）司法犯罪领域

左腾嘉[136] 通过对设计预防犯罪以及设计遏制再犯罪的现状进行研究，提出了设计介入的潜在机会点。该研究基于劝导技术和设计预防犯罪的现状构建了"过渡计划"理论模型。该理论模型针对不同类别的犯罪群体，具体提出了在道德、情绪、社会属性、行为和能力五个维度上的过渡方式与项目形式。最终验证了劝导式设计下的"过渡计划"理论模型，获得了五个维度下的"过渡计划"意见反馈和测评结果。

（5）行为研究领域：行为导向型产品研究

张家祺、邱湜[137] 通过对劝导式设计的研究，阐述了能力、动机、触发点之间的关系，分析了这三个要素对劝导目标行为的影响作用，结合相关设计案例从理论和实践两个层面论述了劝导设计的构造原理和方法，以及劝导设计的实际意义，为设计工作提供参考。

郑泽铭[138] 针对职业人群坐姿不良问题，分析了现有的坐姿检测算法的类别及其优缺点，通过计算机和辅助传感器，结合坐姿检测算法来对用户坐姿进行建模和分析，提出了一种有效的、帮助用户采取正确的坐姿劝导方式。

张玕[139]、周阳[140] 基于劝导技术理论，对健康行为导向产品的应用领域进行了研究。以行为目标为导向的设计[141-145] 研究主要是从目标人群或目标场景的需求出发，结合劝导行为模型中的要素，进一步丰富了交互设计的行为研究[146, 147]。

王芷璇、丁伟[148] 研究了基于用户无意识行为的劝导式交互策略。交互设计[149, 150] 与劝导式设计对行为研究的部分存在共性，将劝导理论引入交互设计过程中有助于设计从社会认同[151] 及行为习惯[152] 的角度去更好地理解、设计用户的需求和行为。同时，劝导技术领域的评估方法，也可对交互设计领域的评估方法进行丰富[153]。

除以上研究领域之外，少部分国内学者还在交通安全领域[154]、劝导技术与设计伦理[155-157] 领域进行了研究。

（6）健康行为领域

劝导技术和设计干预健康行为领域的研究，在国内研究中占最大比重，是劝导式设计干预的重点研究和应用领域。其中，又可细分为以下两类：

①健康管理和健康生活方式引导

孟娇[158, 159]在研究中深入分析了设计人员如何善用有劝导作用的设计，以产品和服务作为现代的干预媒介，帮助用户塑造健康的行为。提出了在健康生活方式产品设计中，设计需针对不同行为改变的阶段，在相应情景中使用适合的劝导方式。

甘为和胡飞[160]通过分析健康信念模型和劝导目标下的心智协作过程，建立了五段式移动健康劝导行为流程机制，归纳出三类劝导设计模式：重复型习惯行为、协助型自主行为、启发型诱导行为，以期为移动健康劝导设计提供兼具解释和演绎的设计方法。

孙朝阳[161]针对都市白领这一特殊群体，研究了如何对该群体提供有效的健康管理。该研究以亚健康理论和健康管理理论为理论研究基础，结合用户需求进行设计研究。通过 KANO 模型进行产品需求层次评价，提出了产品的四大设计策略，包括全面实施劝导策略、彰显专业化内容、满足个性化需求和提升情感化体验。周洁、夏静[162, 163]等人也基于劝导技术研究了自我健康管理策略。

曹恩国、娄舒婷和邓嵘[164]基于 FBM 模型和 PSD 模型，通过对三类热门移动 APP 的分析归纳，总结了包括视觉、内容、情感共鸣、操作路径、反馈、社会支持等在内的劝导设计策略。韦含宇[165]针对运动健康类移动应用研究其劝导式设计应用。

安娃[166]从健康生活方式形成的理论模型出发，提出针对生活方式形成的动机、适应、习惯的交互设计方法，进而总结健康类 APP 的交互设计策略。

②慢性非传染性疾病的健康管理

余小鸣、苏小路等人[167]研究使用详尽可能性劝导模型（Elaboration Likelihood Model of Persuasion，ELM）对健康教育进行评价，发现对健康教育影响较大的因素，有效提升对青少年健康教育的效力。以 ELM 理论中的要素为基础，对"进食障碍"这一信息中的诸多因素进行评价。同时需收集被试人口学资料，采用 SES、SAS、BDI、EDI 等对"进食障碍"相关心理因素进行评价。通过与国外研究结论的对比，该研究结果显示出由于文化差异导致的中国青少年进食障碍的独特性。该研究引发了劝导式设计干预中的文化要素的研究与思考。

胡振明[168]研究劝导技术应用于糖尿病健康管理服务系统的设计策略。通过对糖尿病人自我健康管理现象的研究，构建了四类患者模型。该研究基于 FBM 模型中提出的三个要素进行扩展研究，结合服务系统相关理论提出了模范诱导、分解简化、增强趣味、个性化管理和社会关联五个更为具体的劝导式服务系统。

蔡金芷[169]在生物医学背景下，对目前健康管理成果及其模式进行了研究，提出了闭环式的自我健康管理流程。基于该流程，继而对评估自我健康的方式进行了讨论，具体包括单项行为因素和生物因素评估、健康综合量化评估、疾病风险预测。并引入 PSD模型，探索如何将劝导技术应用于自我健康管理的各个阶段。最后，该研究从功能和性能两个维度，对所开发的系统进行了测试和评估，验证了该劝导系统的有效性。

袁美全、蔡惠芳等人[170]应用劝导技术通过应用文化传播介质对慢性疾病患者进行健康指导，弥补了传统健康教育的不足。阐明劝导技术应用于干预慢性非传染性疾病的优势：生动易接受、直接、动态、及时准确等。

洪翔和陈香[171, 172]以青年糖尿病群体为具体研究对象，将劝导理论应用于糖尿病人日常的健康管理中。该研究在综述性研究中发现，目前劝导策略都是基于 FBM 模型的扩展或延伸，在青年糖尿病健康管理的语境下，FBM 模型的适应性存在缺陷，由此该研究强调环境对青年糖尿病患者健康管理行为的影响作用。该研究构建了青年糖尿病健康管理的多维度动因模型，该模型强调：青年糖尿病群体在健康管理时受到需求式动因、督促式动因、自弃式动因以及压迫式动因的共同作用，结合其他行为改变理论中的要素研究，继而提出注重环境的新劝导青年糖尿病患者健康管理的理念。类似的，周阳[173]也对糖尿病的健康管理策略进行了研究。

尤晓莉[174]将劝导技术应用于睡眠障碍患者健康管理中，对比使用劝导技术进行心理暗示和传统健康教育的干预治疗效果。从患者睡眠改善率、服药依从性、患者满意度三方面进行评估，得到劝导技术的介入有助于提高睡眠障碍患者健康管理成效的结论。其劝导技术介入方法主要是通过智能应用终端，实现强化疾病认识、药物管理、心理支持。缺乏对该类型患者行为认知的具体性分析。

周阳[173]基于对健康行为相关理论的综述性研究，总结了慢性病成因以及健康管理项目效率低下的原因。在后续研究中，通过对几个关键影响因素进行优先级梳理和排序，提出与社会影响相关因素是影响患者行为的最重要因素之一。该研究创新地提出了社会角色是劝导主体，劝导式设计中需要利用社会影响进行行为劝导的基本理念。基于对患者，以及对患者周边的利益相关者间的互动关系的研究，周阳提出了"PMF 关系模型"。该模型认为形成良好互动关系的利益相关者，可以对患者起到有效的劝导作用。PMF 关系模型的提出，革新了劝导产品只有唯一对象的观点，从整体系统的角度考虑对多个利益相关对象的劝导，从而达成最终的劝导目的。该理论与服务设计中对多触点的理解具有相似的观点，也是劝导技术与设计学相结合的一次重要尝试。

武笑宇、辛向阳[175]探索劝导式设计中游戏化对用户行为产生的影响，通过系列游戏化产品劝导用户转变行为。依托长虹校企合作项目，通过对劝导式设计中改变行为的相关因素进行分析，运用游戏化的设计方法，从用户研究到原型设计，对现代生活方式下的客厅行为进行引导。用实际项目验证游戏化改变用户行为的可能性，为劝导用户行为改变的设计实践提供新思路。此外，张博文和王峰[176]也对劝导式设计视角下手机游戏引导策略进行了研究。"游戏化"的概念引入劝导式设计是目前国际劝导技术领域的一个前沿研究方向。

1.4.2 劝导式设计国外研究案例

国外学术界和工业界对劝导式设计干预研究的领域较为丰富，主要有以下几类：

（1）亲社会行为领域

亲社会行为（Prosocial Behavior）是国外研究的一重点领域，其研究范畴包括社会积极行为的促进和消极行为的干预两方面。其中，一些社会积极行为也涵盖了健康行为的某些方面。

Youngsoo Shin 和 Jinwoo Kim[177]研究以数据为中心的亲社会行为说服。通过使用从常规设备收集的个人行为数据，实现对个体态度和行为变化的更有效的"推动"。为了检验诱导亲社会行为的说服效果，该研究设计并检验了共享价值系统。测试结果发现用户在经历了基于自我优惠价值概念的共享价值体系后，对亲社会行为的满意度和意向增强。

Harri Oinas-Kukkonen 和同事[178]研究了有说服力的社会影响软件设计模式。该研究将社会影响的软件设计技术描述为软件设计模式，实例化说服系统设计（PSD）模型中定义的社会影响特征。借鉴了 PSD、社会心理学和软件模式的文献，得出了社会影响模式，然后在概念系统中实施。

在社会行为与积极社交方面，游戏设计也是一个研究热点。Yamakami T. 从说服技术角度研究移动社交游戏设计[179]。Ponnada A. 和 Ketan K. V. 等人在印度文化背景下，研究了有助于儿童社会发展的有说服力的游戏设计策略[180]。

Habin Lee 和 Aggeliki Tsohou 等人[181]研究将说服性特征嵌入政策问题，以设计促进公民积极参与的公众参与过程，提高政策制定中的公众参与度。该研究考察了具有说服力特征的政策问题是否会引起更多关注，其中偏好匹配、位置匹配、社会证明和权威被确定为电子参与环境中的说服性特征。研究测试结果表明，电子参与工具的设计需要考虑公民的心理方面，以激励他们的参与。

Zaneta Muranko 和 Deborah Andrews 等人[182]研究利用说服策略促进循环行为改变，以促进社会循环经济发展。Rob Comber 和 Anja Thieme[183]研究通过说服性设计改变原有垃圾处理习惯的问题。将回收和食物浪费视为习惯行为来进行研究，通过社会影响和厌恶情感有意识地反思废物处理意图和行为的潜力。也就是说，该研究目标包括两个阶段：提高认识和支持后续的行为改变意图，设计超出废物处理行为的习惯性能。测试结果表明，提高认识会导致自我反思和重新评估。重新评估会引起羞耻感，个人认为他们的态度和行为之间存在差异。结果还强调了一个人的感知行为控制（例如，一个人的回收能力或设施）对于实现行为改变的重要性，并确认向个人提供"信号触发"以提醒他们在其所需环境中执行所需行为的重要性。此外，由于目前的研究将其重点扩展到单独的个人之外，它有助于我们理解和研究社会影响过程和群体运动。

Patricia Morreale 等人[184]研究家庭能源监控系统的移动说服设计。通过在为消费者提供移动应用程序之前评估个人的个性特征来个性化移动应用程序体验，该移动应用程序有可能重新培训消费者（用户）并维持家庭用电量的减少。为了支持将电力监控扩展到移动应用市场，创建了具有说服力的设计模型，以针对吸引消费者的主要因素，例如节省资金和环境影响。这些模型与样本人群共享，以确定消费者采用移动应用程序的概率，预期使用模式，界面使用排名和动机。

Helen M. 等人[185]研究了促进青少年体育活动的说服技术的设计要素。研究表明，青少年希望对能够捕获各种身体活动数据的设备进行个性化定制。此外，在数字媒体中期待社会互动，并且强化目标实现的积极信息受到重视，而负面反馈则失去动力。这些发现支持了儿童和成人的其他研究。对这个年龄组特别的是：他们在友谊团体之外分享信息的开放性，尽管这与他们在物质世界中缺乏自主权相矛盾，这突出了可能限制该年龄组的有效设计干预要素。Meng-Chieh Chiu 和 Cheryl Chia-Hui Chen 等人[186]以鼓励人们饮水的社交说服系统出发，从社会说服系统的角度，研究了设计和评估中说服的要点，即激励动力、减轻压力、减少剥夺感，并将积极与消极的增援结合起来。Salim F. D.[187]研究了在道路场景下，有效说服力的设计机会。

Walter La Mendola 和 Judy Krysik[188]研究以说服技术加强干预的设计策略，预防虐待儿童的案例。探讨了通过有计划的多学科设计过程，如何将说服技术的当前思维应用于基于证据的治疗干预。将人类服务和设计科学中确定的设计步骤合并，以产生六种设计要求。在每个设计要求中都讨论了为人类服务知识提供信息的需求。

Michael J. A. 等人[189]，研究了将人机交互和说服系统设计原则应用于货币限制工具，以改善赌博行为。根据焦点小组参与者的反馈，该研究创建了一个新的货币限制工具，该工具结合了玩家所需的功能以及人机交互（HCI）和说服系统设计（PSD）的设计基础。测试表明，参与者在接触到 HCI 和 PSD 激发弹出工具时比标准货币限制工具更多地遵守了预先设定的货币限额。证明了通过使用人机交互和劝导原则可有效改善赌博行为。

（2）犯罪领域

在犯罪领域的研究主要集中在预防犯罪、反犯罪方面，在现代社会的背景下，研究新型犯罪手段，主要是网络犯罪和网络安全。

Emma J. Williams 和 Danielle Polage[190] 研究了欺诈性电子邮件是如何影响人们判断的。网络钓鱼电子邮件，使用一系列说服技术来促进人们回应，例如承诺金钱奖励或激发紧迫感。目前的研究通过检查 20 个预先设计的电子邮件的参与者判断来探讨可能影响电子邮件的说服力和可信度的一些因素，这些电子邮件根据：①是否使用基于损失或奖励的影响技术而变化；②是否包含特定的真实设计线索；③他们是否引用了一个突出的当前事件（里约奥运会）；④参与者之前是否曾接触到有关在线诈骗的信息。结果表明，真实设计线索的存在和所使用的劝导技术的类型明显影响了参与者的判断。

Zakaria N. H. 等人[191] 研究了如何设计有效的安全信息，提出有说服力的密码设计指南。Sonia 等人[192] 基于知识的认证机制的设计，研究有说服用户采用更安全的密码的实现和评估。介绍了有说服力的 Cued Click-Points 图形密码方案的综合评估，包括可用性和安全性评估以及实现注意事项。基于知识的认证系统的一个重要的可用性目标是支持用户从扩展的有效安全空间中选择更高安全性的密码。使用说服来影响用户在基于点击的图形密码中的选择，鼓励用户选择更随机、更难以猜测的点击点。

（3）网站设计领域

Dianne Cyr 等人[193] 研究在线说服的动态性，利用精准概率模型通过网站设计检验在线说服。403 名参与者的研究结果进一步加深了对 ELM 的理解，即网站设计的作用以及个人参与问题的程度如何改变用户的态度。Boaz Ganor 和 Katharina Von Knop 等人[194] 基于以技术作为说服的工具，研究了网站设计的方法。该研究结合说服技术理论和格式塔理论，提出在网站设计领域开发有说服力的工具设计模型。Dormann C.[195]、Woojin Lee[196] 研究了有说服力的网站界面设计；Winn W.[197] 研究了电子商务网站设计中劝导的重要作用。

还有学者基于网站设计，研究说服与网页信息架构的关系。Whalen 和 John[198] 通过将心理学原理应用于网站设计，研究信息架构如何激发用户行为或态度的变化。信息设计可以引导网站访问者参与到行动的各个阶段。说服始于可爱和简单的吸引，以最小的承诺引导用户继续探索；同时设计必须具有美学吸引力并且适合浏览；使用户对信息来源充满信心，克服不采取行动的理由，并采取简单的行动方式。Groupon 和 Living Social 说明了这些说服原则的有效性，这些原则可以应用于任何网站设计。

Per Hasle[199] 论证了劝导式的设计对网站信息设计的重要性和适应性。Per Hasle 描述了说服性设计（PD）的基本思想和目的；讨论了 PD 与其他 IT 学科和一般修辞的关系，特别强调可能对信息概念产生更广泛的影响。研究发现劝导式设计对信息系统设计起着重要作用，明显提高用户参与的广泛度。PD 不仅适用于信息系统的说服技术，还适用于整体信息架构。因此，PD 可能对信息和信息系统的设计思想产生了更广泛的影响。

（4）移动产品设计领域

Faisal S. 等人[200] 研究了跨国界用户的移动应用接受度问题。基于 WhatsApp Instant Messenger 应用程序，考察 PSD 原则对客户接受智能手机应用程序的影响。理论框架借鉴了 Oinas-Kukkonen & Harjumaa 的说服系统设计原则。该研究涉及来自马来西亚、荷兰、德国和沙特阿拉伯王国的 488 名参与者。分析显示，PSD 与客户的接受度明显相关。除系统可信度外，PSD 元素对客户接受度的影响因国家而异。研究结果表明，应用程序设计人员可以通过使用 PSD 以最小的本地化实现来定位全球用户，使应用程序可吸引跨越国界的用户，同时减少应用程序开发和支持成本。

因移动载体的便携性，以及移动终端的不断丰富（如智能手机、可穿戴设备等），移动应用产品的劝导式设计常应用于健康行为改变、行为习惯养成的领域。Yun-Maw Cheng 和 Chao-Lung Lee[201] 研究了使用智能手机进行周期通勤的行为改变干预设计。研究结果表明设计干预的有效性，对应用程序的可取性结果意味着它将导致行为改变的可能性更高。这提供了一种观察存在和了解孤独的新方式。

（5）商业与营销领域

该领域的研究前沿方向是新型互联网营销策略，与电子商务网站的干预设计策略有一定重叠之处。Yamakami T.[202] 提出了基于人际劝导营销的新型互联网营销的设计指南。
Alhammad M. M.[203] 从语境说服和交互的角度，研究了 B2C 中的可干预设计因素。Paolo
Cremonesi[204] 研究了基于智能推荐系统的说服潜力。对给予大数据信息的智能推荐系统
研究，是此领域的前沿发展方向。国外数位学者研究了如何通过精准推荐来提高设计干
预的有效性和可持续性。

在商业广告方面，Ioannis Kareklas[205] 等人研究了色彩与自我观引发在说服性广告中的
作用；Sejin Ha[206] 等人研究了心理意象如何影响品牌 SNS（社交网络服务）的说服效果。

（6）教育、提高理解领域

Zhang-Kennedy 等人 [207] 研究说服设计在教育中的应用，使用漫画的方式引导用户
注意、提高人们对信息的理解能力，达到改善网络安全的目的。测试结果表明教学设计
和说服在教育技术中重要的意义。

Yohana Dewi Lulu Widyasari 等人 [208] 研究了提高高等教育学习行为的说服技术。该研
究使用 Web 2.0 的特性和功能来改善学习行为。这种技术的使用将通过学习方法进行调整，
尤其是现在流行的在线学习。综合系统的概念采用了说服策略来引导说服。在线学习是通
过结合 Web 2.0 和说服系统的概念完成的。通过比较干预后的初始和最终条件，对影响用
户意图的方面进行了测试。结果表明行为改变将改善用户参与和在线学习的意图。

Nor Aziah Daud 等人 [209] 研究了基于网络的学习（WBL）设计的合适说服性成分。
该研究首先考察了相关的先前模型，以发现模型构造中的缺点和缺乏，作为开发 WBL
设计新模型的指南。这项研究的结果确定了 23 个有说服力的成分作为适合 WBL 的初始
成分库。然后，将这些说服组件分成三个维度以适应学习环境。

国外学者还研究了基于不同文化背景下的教育劝导干预策略。Kien Heng Ng[210]、
Reinhold Behringer[211]、Rosmani[212] 等学者研究了在教育的不同阶段（儿童教育、大学教
育、成人学习、非正式学习等）、教育的不同情景（博物馆、教室等）、教育的不同内容
（文学研究、语言学习、数字学习等）之中劝导式设计干预的差异。

除以上领域之外，国外学者致力于将新技术与说服性设计研究结合，在人工智能
领域（Bart Verheij[213]、Su Fang Lim[214]、Jimenez 等人 [215]）、说服机器人领域（Aimi
Shazwani Ghazali[216]、Chidambaram[217]）有大量的理论研究和工业实践成果。

在有说服力的环境领域研究中，Rob Tieben 等人 [218] 结合游戏化前沿设计的理念，
并以虚拟现实技术等新科技作为劝导的形式，对公共空间的说服力进行了广泛的探索性
研究，Tatsuo Nakajima 等人 [219] 提出了有说服力的环境设计指南：使用视觉反馈来改变

用户日常生活模式的系统。

（7）健康行为领域

国外在劝导技术和设计干预健康行为领域的研究起步较早，研究内容充分，涉及健康的各个方面。在上节的"亲社会行为"领域中，即有涉及健康行为的方面，本节对健康行为做更概括的划分和详细分析、综述。国外劝导式设计干预健康行为的研究又可细分为以下几类：

①疾病干预

国外学者在疾病发生后，对患者行为的干预方面有着较充分的研究，Jenny J. Lin 等人 [220] 论证说服和健康行为理论在行为改变咨询中的应用。另外，在糖尿病等慢性疾病（Han Kyung Jung[221]）、痴呆（Fernández-Llatas Carlos[222]）、精神疾病（Marcu[223]）等神经性疾病的干预策略研究也比较深入。但这些研究主要集中在医学研究大范畴下，设计学研究可介入的因素较少，故在此不做详细分析。

国外学者在日常心理健康干预领域有较多研究，例如青少年常见的抑郁、进食障碍问题等。Wozney Lori[224] 基于 Internet 的心理治疗中有说服力的系统设计，对抑郁症青少年个性化定制电子健康计划。基于 PSD 的设计干预，具有表面可信度（主管"外观和感觉"）；对话支持（在线程序 + 面对面支持）；喜欢和相似性（对青少年用户的美学和内容吸引力）；治疗内容的减少和挖掘（减少在线内容）治疗中存在简单的任务；指导用户和使用自我监测，从而改善治疗参与度、满意度和依从性，以及症状和功能障碍。Harrington Kelly M. 等人 [225] 研究说服干预减少自杀率的有效性。Radomski Ashley D.[226]、Suka Machi[227] 等人研究设计干预改善基于互联网的认知行为疗法，对焦虑儿童和青少年行为有改善作用。

②健康干预：健康管理、健康护理

在健康干预研究中，针对特殊人群的健康行为干预是研究的重点，尤其在老龄化社会背景下关注老年人群体。Koen van Turnhout[228] 研究了劝导技术干预下老年人日常健康行为的管理，主张使用有说服力的界面，满足老年人的需求，并提高个人信息解决方案的可操作性。同时还强调了在健康支持系统的设计中如何将自我、家庭和专业护理联系起来。Rosemarijn Looije[229] 开发了老年人健康自我管理的有说服力的机器人助手。用于老年人日常健康自我管理，如食物、运动和药物的协调。基于计算机的个人援助可以通过说服和指导帮助老年人采取健康行为。Albain[230] 开发了激励老年人走路的虚拟教练。Hazwani Mohd Mohadis[231] 等人为老年工人设计了一个有说服力的体育活动应用。研究调查老年工人对 PSD 的说服性原则的看法，并将该原则整合到专门用于鼓励身体活动的应用程序中。该研究中还发现在设计针对老年工人的有效说服性体育活动应用时，说服原则的个性化、定制内容的可信度和建立相似感是必不可少的。

Alpay Laurence[232] 研究了在荷兰医疗信息学教育中，嵌入有说服力的自我健康管理系统设计。eHealth 应用程序不仅被医疗保健专业人员使用，而且还被患者专门用于自我管理他们的健康状况。在电子卫生保健中，提倡采用综合、系统、实用但基于科学的方法来设计有效的说服性电子卫生保健应用。

Li-hsing Shih[233] 研究基于案例推理设计干预，如何促进健康与可持续发展。提出了一个新的模型来解释设计和技术如何帮助说服用户执行目标行为。模型中有五组属性，包括：目标行为、设计原则、设计技术、适用技术以及用户的动机和能力。

Coorey[234] 等人将说服系统设计原则纳入以消费者为中心的电子健康战略发展中，针对生活方式行为的变化进行设计干预。

针对健康改变中的另一主题，医疗从业人员，也有劝导式设计可介入的方面，比如在数据输入和医患交流中。St-Maurice Justin[235] 等人应用说服性设计技术影响初级保健中的数据输入行为，使用统计过程控制重复测量评估。说服性设计改变了临床医生的数据输入行为，从而提高了数据质量，并提高家庭医疗团队报告系统中数据的数据质量。Wieder Jessica[236] 等人研究了在社交媒体时代，使用有说服力的沟通方式，专业人员可以说出他们在健康行为方面的专业知识，同时调整他们的指示、演示、沟通方式，以满足每类患者的需求：从科学家到人民群众，从医生到急救人员，以及其他人。

此外，在反对吸烟（Minji Kim[237]）、酗酒、赌博、成瘾等不健康行为和促进运动、购买健康食品、采用绿色交通工具、培养阅读习惯、健康社交等健康行为方面[238]，都有充分的学术研究和应用案例。

1.4.3 劝导式设计研究评述

目前劝导式设计干预研究有着较为丰富的应用成果，国内外研究分别在不同的领域使用劝导式设计的方法干预人们的行为。国内研究在互联网产品和健康管理领域的研究成果较多。劝导式设计干预健康的研究主要集中在疾病后的健康管理，对健康（例如，运动健康、心理健康、社交健康、环保行为等）以及其他方面的研究略显缺乏。

目前劝导式设计的理论研究相对薄弱，主要是基于 FBM 模型中提出的要素进行实践应用，在大量的实证研究中没有开发出新的理论模型。对比而言，国内外学者在行为改变领域的研究十分充分，对现有研究理论进行了深入分析并进行了发展。但在设计学科视角的研究中，只有周阳[173]提出"社会角色也是劝导主体"的"PMF模型"，是对目前劝导式设计领域模型发展和理论创新的初步探索。

为了丰富劝导式设计理论研究、开发创新的劝导模型，本书将以办公空间运动行为为具体研究案例，探索办公空间运动行为的干预机制，以解释办公空间运动行为产生的深层原因。在研究中以一般性的运动行为影响因素为基础，同时考虑办公空间环境中的特殊影响因素，使用量化实验的方法对这些可能的影响因素进行验证，从而全面地理解办公空间运动行为的影响因素，开发创新的办公空间运动行为的劝导模型。

目前劝导式设计的理论与实践存在一定程度的脱节，这种脱节体现在两方面。一方面，劝导式设计理论没有随着实践的发展而发展。初期劝导技术和劝导式设计理论均服务于计算机软件产品，随着实践应用的发展与丰富，其应用范畴已经由计算机扩大到了任何可交互的智能系统，而劝导式设计理论却没有得到相应的发展。另一方面，现有的劝导式设计理论缺乏融入实践中的方法。目前劝导式设计的方法没有得到全面、系统的总结，也没有将劝导式设计方法与劝导模型中影响行为的因素建立科学的联系。

为了探索劝导式设计理论与实践相结合的方法，一方面，本书将分析办公空间运动行为的设计干预方法，以实现对办公空间运动行为的干预和操控。在研究中以大量的劝导式设计干预相关的实践案例为基础，分析国内外促进办公空间运动和健康的设计案例，使用质性研究的方法对这些设计要素进行总结和提取，全面系统地总结办公空间运动行为的设计干预方法。另一方面，本书将探索干预机制和设计干预方法相结合的干预策略，为定向、具体影响办公空间运动行为提供方案。研究中以干预机制研究和设计干预方法研究为基础，使用质性研究和实验相结合的方法，对办公空间运动行为的设计要素的有效性进行了评估，并得到干预机制与设计干预方法的对应关系，构建完整的办公空间运动行为的劝导式设计干预策略。由此科学地建立了办公空间运动行为影响因子与设计要素之间的关系，是劝导式设计理论与实践相结合的尝试与探索。

1.5 劝导式设计促进办公空间活力的潜力

本章前几个小节对办公空间健康、行为改变理论对办公空间健康的支撑作用、劝导技术理论对办公空间健康的推动作用三个部分的相关概念和理论进行了研究和分析。随后由学术到实践,以丰富的国内外研究案例分析总结了劝导式设计对行为干预的重要作用。由此发现,劝导式设计在促进办公空间活力方面,具备极大的潜力和研究空间。

1.5.1　理论模型优化

根据本书对运动行为改变理论和模型的研究,发现目前对于一般运动行为的影响因素研究较为详尽。一般运动行为的影响因素主要分为两大类,分别为个人特征和环境特征。其中,个人特征包括:个人动机、自我效能感、运动经验、运动能力等 [19];环境特征包括:路径、成本、时间障碍、社会文化支持 [78, 79] 等。

在个人特征中,动机是一般运动行为的一个核心影响因素。动机包括了感知健康、外表、能力、享受、压力缓解、挑战、技能发展、成就和个人满意度等 [80-83]。在一般运动行为的影响因素中,个人自我效能感是最强有力、最一致的运动行为预测因素 [84-87]。另外,运动历史、体重状况、健康风险行为、压力已被证明与运动行为相关 [79]。

在环境特征中,社会支持是参与运动行为的最主要原因之一 [86,88,89]。社会支持包括:配偶支持、社会强化、家庭影响、同伴影响等。来自家庭、工作环境中的对运动行为的支持,与人们的运动行为密切相关 [90, 91]。然而,感知可用的时间、缺乏运动设施、缺乏金钱、缺乏一个合作伙伴,是前期研究中经常报告的运动行为障碍因素 [92-94]。

本书在研究中发现,尽管关于广义的一般运动行为的影响因素研究十分详尽,但是对于哪些因素影响办公空间环境中的运动行为的研究却很少 [30, 78]。缺乏对办公空间运动行为影响因素的了解,是大量关于职业健康促进项目、工作场所运动促进项目干预效果不理想的原因。

在办公空间场景中,进行运动行为有许多障碍,例如,缺乏时间进行活动 [95]、对工作负担和绩效的担忧 [96]、工作场所政策、工作场所规范的限制 [96]。我们还需要考虑到社交因素的影响,办公空间工作人员可能不愿意进行运动行为。此外,办公空间环境也存在物理条件的障碍和限制,例如,某些办公环境中缺乏可供运动的公共空间和运动设施 [96, 98, 99]。对上述办公空间场景中的特殊因素进行研究,是促进办公空间运动行为的重要基础,理解办公空间情景中的特殊因素是提升设计干预办公空间运动行为有效性的关键和设计策略提出的重要依据。

1.5.2　设计实践拓展

自劝导技术的概念提出以来，Fogg 及其团队的研究成果在理论和实践中被研究和应用得最为广泛，且对劝导式设计的理论和实践研究具有重要的指导作用。Fogg 博士及其团队目前仍致力于劝导技术和行为设计相关的研究，旨在帮助人们变得更快乐、更健康，为改变人类行为创造解决方案。目前 Fogg 行为设计实验室的项目包括：改善地球气候的行动、减少屏幕使用时间等。Fogg 及其团队的研究成果为劝导技术的发展提供了坚实的理论基础，诸多国内外的实践性研究验证了 Fogg 理论模型的有效性，同时验证了劝导技术和劝导式设计改变人们行为的可能性。

然而，Fogg 的劝导技术理论尚存在一定的局限性。在其 FBM 行为模型中提出了影响行为的三个因素，但其理论没有详细阐明如何对这三个因素进行操控和干预，这在一定程度上造成了理论与实践应用的脱节。

Oinas Kukkonen 及其团队提出的 PSD 劝导系统设计模型，在一定程度上弥补了 Fogg 劝导模型中对具体干预方法的缺失。然而，PSD 劝导系统和 BCSS 行为改变支持系统主要面向的是计算机软件开发和迭代，其应用范围仍存在局限。本书认为未来劝导技术应开发更丰富的理论框架和应用方法，以适应更广阔的应用场景和设计目标。

随着研究方法的发展、研究的不断深入和扩展，许多后续研究发现了早期理论中的不足与缺陷。因此，将现有的几种劝导理论技术进行结合，发展新的理论模型，对劝导技术理论进行更全面、综合的诠释也是一个具有潜力的方向。Susan Michie 及其同事开发的 BCW 行为改变轮，尝试建构一个更为综合性的劝导技术干预框架，在此方向上进行了初步的探索并得到了一定的实践验证。

另外，劝导技术理论的发展与行为改变理论具有很强的相关性。目前的行为改变理论的一些综述性研究和评论性研究指出，环境因素和社会因素被证明是行为改变系统中的重要因素，能够预测和影响健康行为的形成和维持 [120]。因此，劝导技术也应该将环境因素和社会因素纳入考虑，探索这些因素的劝导作用，开发新的劝导模型。

最后，对劝导设计干预的相关理论和应用进行了研究和评述，总结了目前劝导式设计的理论成果和应用成果，这些成果为劝导式设计干预办公空间运动行为提供了有力借鉴。同时，也发现了目前劝导式设计理论没有随着实践而发展，劝导式设计理论缺乏融入实践中的方法的问题，本书后续将尝试探索这些问题的解决方案。

第 2 章

原理分析：办公空间活力促进机制

本章针对干预机制进行研究，即深入探索办公空间运动行为的影响因素，在充分理解办公空间运动行为产生底层原因的基础上，提出创新的办公空间运动行为劝导模型。

本章主要阐述可能的影响因素的筛选和测量条目的开发、调查材料的设计、问卷的发放与数据收集过程、数据处理与数据分析过程、数据分析结果与讨论。在数据处理和数据分析阶段，主要采用的方法包括：探索性因子分析、结构方程模型和回归分析。其中，探索性因子分析用来找到办公空间运动行为的影响因素，并验证测量材料的信度与效度。由此构建了"办公空间运动行为影响因子模型"，并使用结构方程模型来对比和验证该模型，同时也验证了测量材料的内部结构。最后使用回归分析的方法，分析办公空间运动行为影响因素与办公空间人员运动行为意图的关系，提出 OEB 劝导模型。

为了研究办公空间运动行为的影响因素，明确干预机制、提出劝导模型，本章探索了以下三个小研究问题：

➤ 研究问题一：办公空间运动行为的影响因素有哪些？

在上一章的研究中，本书发现促进办公空间中的运动行为，是解决办公空间工作中久坐问题、促进办公空间人员健康的有效手段[239]。然而，一般的运动行为影响因素无法全面解释办公空间情景中的运动行为，需要深入考虑办公空间中的特殊环境因素、社交因素等。因此，本章的第一个研究使用因子分析的方法，在对一般的运动行为影响因素验证的基础上，探索办公空间这一特定环境中的运动行为影响因素，为明确干预机制、提出劝导模型提供基础。

➤ 研究问题二：这些办公空间运动行为的影响因素之间的结构关系是怎样的？

在获知了办公空间运动行为的影响因素后，需对这些影响因素的结构关系进行深入探讨。本章进而采用结构方程模型来对这些影响因素之间结构的关系进行研究，构建了办公空间运动行为影响因子模型，并验证了模型的效度，阐释了办公空间运动行为影响因子之间的关系和因子之间的互相作用。

➤ 研究问题三：哪些影响因素能影响办公空间工作人员的运动行为的意图？

上述两个研究问题的结果，能够充分阐释办公空间运动行为的影响因素，但若想构建劝导模型，还需要研究这些影响因素与办公空间工作人员的运动行为意图之间的关系。因此，本章最后采用回归分析的方法，继续探索办公空间运动行为的影响因素对办公空间人员运动行为意图的作用。因为行为意图是实际行为的重要预测因子，所以本书中研究把影响办公空间运动行为的影响因素作为自变量，把办公空间人员运动行为意图作为因变量，进行了回归分析，由此获知哪些因素对办公空间人员运动行为意图有显著影响，提出了办公空间运动行为劝导模型。

2.1　研究方法设计

2.1.1　参与者选取

本书研究中所采用的问卷在 512 名办公空间工作人员中发放，所有参与问卷实验的办公空间工作人员均是从 2 个在线数据库中随机挑选的。其中，209 名办公空间工作人员筛选自 Prolific 数据库[240]，Prolific[241] 是一个收集来自全世界人们的高质量反馈在线问卷研究平台。在筛选来自 Prolific 的参与者时，使用问题 "您每周工作多少小时？" 作为筛选办公空间工作人员的标准，筛选每周工作时间超过 31 小时的办公空间工作人员。另外 303 名办公空间工作人员筛选自问卷星数据库。问卷星[242] 是一个在中国地区广泛使用的在线问卷研究平台。在筛选来自问卷星的参与者时，使用问题 "办公空间工作人员" 作为筛选办公空间工作人员的标准。

在收到来自 512 名参与者的 512 份原始调查问卷后，首先删除了 33 份未通过测试问题的调查问卷，留下 479 份有效问卷。研究中删除无效问卷的标准采用了：①每周工作时间少于 31 小时；②在职业情况中选择 "退休"，且每周工作时间少于 31 小时；③在工作环境中选择 "户外" 或选择 "家庭"，且每周工作时间少于 31 小时；④对出现在问卷的不同部分的同一问题给出了两个相反的答案。

有效地完成了问卷的参与者中，男性 240 人、女性 238 人、非二元性别 1 人。大部分的样本（72.7%）完成了 16 年或更长的教育年限。大部分参与测试的办公空间工作人员（69.9%）是身体活动活跃人士，他们在 "Godin-Shephard 闲暇时间体能活动问卷"[243, 244] 上的得分为 24 分或以上。其余参与测试的办公空间工作人员是中度活跃（13.4%）和不够活跃（16.7%）。大多数参与测试的办公空间工作人员（77.2%）至少在工作场所进行过一次体育活动，而另外 109 名参与者（22.8%）从未在工作场所进行过体育活动。大多数参与者（88.1%）从事全职工作，84.5% 的参与者在所有工作时间内都处于办公空间环境中。在这些参与者中，76.8% 的办公空间工作人员每周工作 41 小时或更多。

因本书的研究旨在提出一般性的指导策略，为了避免具体群体和空间因素对行为影响因素的干扰，对来自不同的社会文化背景、公司企业文化背景、办公空间的环境及不同职业情况的办公空间工作人员进行了采样，尽可能全面覆盖各种类型的"久坐不动的办公空间工作人员"。总体而言，本书研究中所采用的样本，可以代表来自不同社会文化背景和企业文化背景下，在办公空间环境中工作时间相对较长的办公空间工作人员，并且样本覆盖到不同性别、年龄、受教育程度、职业情况以及拥有不同的运动经验和身体活动水平的办公空间工作人员。虽然样本无法完全覆盖到所有的办公空间工作人员，但笔者认为，本书研究中所采用的样本具有概括性和代表性，可以很好地满足目标。

2.1.2 实验材料开发

（1）可能影响因素选取

首先，在选取可能对办公空间运动行为产生影响的因素时，根据本书第 1 章中对运动行为改变理论的研究和总结，以一般的运动行为影响因素为基础，选取与个人特征和环境特征相关的因素。与个人特征和环境特征相关的运动行为影响因素已经在既往研究中得到一定的证实，但这些影响因素对办公空间运动行为的作用还不明确[89, 245]，因此本书研究将对这些影响因素进行验证。

其次，在选取可能对办公空间运动行为产生影响的因素时，从办公空间生态学的视角出发，根据前文中对办公空间环境中运动行为的分析，选取了办公空间环境中的特殊影响因素[19, 78]。

具体而言，关于个体特征的影响因素，本书引用了著名的认知框架，运动行为动机密切相关理论成果，以及与行为改变密切相关的理论成果，其中包括计划行为理论[246]、自我决定理论[247]、自我效能理论[248]、跨理论模型[249]和健康信念模型[250]等。关于环境特征的影响因素，本书研究参考 Owen 等人[19] 所建议的方法，采用一种社会生态学的观点来理解办公空间环境中特定的影响因素，从而理解如何对久坐、不活跃的办公空间工作人员进行健康干预。同样，本书也选取了与社会环境[89, 251]和物理环境[90, 91]相关的可能对办公空间运动行为产生影响的因素。

最终，以本书第 1 章研究中对办公空间环境、办公空间运动行为的分析、运动行为改变理论的研究和比较为基础，经过研究人员之间的内部讨论，以及作者与该领域专家的讨论，基于上述理论框架和运动行为影响因素的著名研究成果[94, 252-263]，总结出了以往研究中出现的且被学界广泛验证和认可的影响运动行为改变的因素，把这些因素作为影响办公空间运动行为的可能影响因素进行研究。

本书综合了 18 个可能的办公空间环境中运动行为的影响因素。如表 2-1 所示，18 个办公空间运动行为可能的影响因素全部参考了著名理论模型或相关研究。对于部分可能的影响因素，早前的研究已经开发了高信度和效度的成熟量表（表 2-1），本书也将这些测量工具的开发者列入参考。

办公空间运动行为可能的影响因素列表　　　　　　　　　　　表2-1

	可能的影响因素	理论提出自	量表开发自
1	感知行为可控 Perceived Behavioral Control	Ajzen，1991，2006	Ajzen & Madden，1986
2	能力 Competence	Bandura，1977，1982 Rogers，1983 Ryan，1982	Buckworth，Lee，Regan， Schneider & DiClemente，2007
3	感知健康 Perceived Health	Nancy & Becker，1984 Rosenstock & Irwin，1974 Rogers，1983	Sechrist，Walker & Pender，1987
4	愉悦 Enjoyment	Ryan，1982 Fogg，2009	Buckworth，Lee，Regan， Schneider & DiClemente，2007
5	表现 Appearance	Lee，Nigg，Diclemente & Courneya，2001	Buckworth，Lee，Regan， Schneider & DiClemente，2007
6	家人与朋友影响 Family and Friends Influence	Rogers，1975 Rippetoe & Rogers，1987	Taylor & Todd，1995
7	同事影响 Colleague Influence	Rogers，1975	—
8	上级影响 Superior Influence	Taylor & Todd，1995	—
9	社会支持 Social Support	Prochaska & Velicer，1997	Buckworth et al.，2007 Sechrist et al.，1987
10	社会强化 Social Reinforcement	Dishman，Sallis & Orenstein，1985 Prochaska & Velicer，1997	Elliot et al.，2004
11	活力传统 Vitality Tradition	Bartholomew et al.，2006	—
12	公共空间规模 Public Space Scale	Tudor-Locke，Schuna，Frensham & Proenca，2014	—
13	运动器材 Exercise Facilities	Choi，Song，Edge，Fukumoto & Lee，2016	—

	可能的影响因素	理论提出自	量表开发自
14	运动指导 Exercise Tutorial	Fogg，2009 Medic，Starkes，Wier，Young & Grove，2009	—
15	工作节奏 Work Pace	Bauman，Allman‑Farinelli， Huxley & James，2008	—
16	休息时间 Break Time	Fogg，2009	—
17	工作场所政策 Policy of Working Company	Pronk & Kottke，2009	—
18	工作负担 Work Burden	Fogg，2009 Gorm & Shklovski，2016	—

本章接下来将会对上面 18 个可能的办公空间运动行为影响因素进行研究和验证分析。

（2）测量工具开发

为了测量上述可能的办公空间运动行为影响因素，本书研究采用两种方式来开发这些可能的影响因素的测量工具。本书研究中使用的测量条目，或是根据办公空间环境的情况和语境调整了现存的成熟量表，或独立开发了全新的、可以评估这一影响因素的新测量条目。

为了调整以往研究人员开发的成熟量表，本书研究调整了一系列条目，使它们更适用于办公语境，具体包括："感知行为可控""表现""家人和朋友影响""社交支持""社交强化"。对于这些存在成熟测量条目的影响因素，本书研究将这些测量条目应用于当前的办公空间运动行为情景下。例如，采用 Ajzen 和 Madden 开发的"感知行为可控"的测量条目[264]，本书研究根据原有测量条目调整为三个更适用于办公空间语境的新条目。具体而言，本书研究中使用的一个测量条目是："如果我想，我可以很容易地运动。"改编自 Ajzen 和 Madden 在一项研究课程出勤率的实验中开发的条目："如果我想，我可以很容易地参加这个课程的每一个节。"[264]

为了开发全新的测量条目，本书研究开发了一系列新问题来测量可能的办公空间运动行为影响因素，具体包括："同事影响""上级影响""公共空间尺度""运动设施""运动指导""活力传统""工作节奏""休息时间""工作场所政策""工作负担"。例如，为了测量可能的影响因素"公共空间尺度"，没有发现该影响因素存在成熟的测量量表。

因此本书研究中开发了全新的测量条目："对我来说，在办公空间有足够的公共活动空间进行锻炼是很重要的。"这个测量条目的创建参考了 Taylor 和 Todd 开发的，在测量使用 VCR-Plus 产品影响因素中所开发的测量条目[265]。

采用以上描述的两种方法，本书的研究共开发了 52 个测量条目，来测量 18 个可能的办公空间运动行为影响因素。因研究调查的样本有不同的母语，所以初始测量工具使用英文，随后采用专家双向翻译的方法，将所有原始的英文测量条目翻译为简体中文。部分中文的测量条目见表 2-2，全部的中文、英文测量条目见附录 A。

可能的办公空间运动行为影响因素的测量条目表（部分）   表2-2

可能的影响因素	测量条目
感知行为可控	1. 我可以掌控自己是否做运动。 2. 对我来说，运动是容易的。 3. 如果我想的话，我可以很容易地运动。
能力	4. 我认为我很擅长体育锻炼。 5. 我在运动上付出了很多努力。 6. 与同龄人相比，我认为我在体育锻炼方面做得很好。 7. 我并没有很努力地去做好体育锻炼。 8. 我非常努力地进行体育锻炼。 9. 我的运动水平相当高。 10. 我没有把太多的精力放在体育锻炼上。
感知健康	11. 运动可以改善我的心理健康。 12. 运动可以增加我的肌肉力量。 13. 运动可以防止我患上高血压。 14. 运动使我的肌肉张力得到了改善。 15. 运动可以改善我的心血管系统功能。 16. 运动使我的性情得到了改善。 17. 运动有助于我晚上睡得更好。 18. 如果我运动，我的寿命会更长一些。 19. 运动可以改善我的身体机能。
表现	28. 我运动是为了保持外形。 29. 我通过运动来控制自己的体重，这样别人会觉得我更好看。 30. 身材苗条、事业成功的人可能需要大量运动。 31. 我不想显得瘦弱，所以我努力运动。 32. 我运动是为了不让自己看起来太胖或松弛。
家人与朋友的影响	33. 我的家人和朋友会认为我应该做一些运动。 34. 一般来说，我想做我的家人和朋友认为我应该做的事情。
同事影响	35. 我的同事会认为我应该做一些运动。 36. 一般来说，我想做我的同事认为我应该做的事情。

注：完整的中文版办公空间运动行为可能的影响因素的测量条目包括52项，见附录A。

同时，本书研究探索了这些影响因素是如何预测办公空间工作人员进行运动的意图的。作为实际行为的重要前驱，行为意图是预测行为变化的重要影响因素[266-270]。虽然一些研究表明行为意图不等同于行为改变[249, 271, 272]，然而更多的研究则证实了行为意图和行为之间的相关性[273-276]。许多研究结果显示了行为意图和行为之间的正向相关性，行为意图和行为之间的相关系数范围从 0.47[277] 到 0.39[278]，同时 Ajzen、Albarracín 等人，以及 Godin 和 Kok、Randall 和 Wolff 等学者的研究[246, 279-281] 均报告了行为意图和行为变化之间正向相关性。总之，在态度—行为关系模型和健康行为模型的研究中，普遍同意行为意图是实际行为的关键影响因素[282]。由于疫情期间研究条件受到限制，无法测量办公空间工作人员的实际运动行为，因此，本书研究中使用了三个测量条目测量了办公空间工作人员的运动行为意图，用于探索办公空间运动行为的影响因素与运动行为的关系。

（3）问卷开发

本书的研究开发的"办公空间运动行为问卷"包括三个部分内容，分别是：目前运动水平与职业情况、对办公空间运动行为的态度、文化背景与人口学信息。

第一部分用于评估参与者的目前运动水平和职业情况。如本书第 1 章中所述，办公空间工作人员的职业状况可能会影响或限制他们的运动行为。在这部分问卷中，参与者的运动水平是采用被广泛验证的"Godin-Shephard 业余时间身体活动问卷"[243, 244] 进行评估的。"Godin-Shephard 业余时间身体活动问卷"被广泛地应用于身体活动研究中[283,284]。在这里，要求参与者分别列出每周剧烈运动、适度运动和轻度运动的频率，然后根据以下公式计算每周的休闲活动分数：

分数 = (9× 剧烈) + (5× 适度运动) + (3× 轻度运动)

该得分可以用来确定参与者的身体活动水平，0~14 分代表"不够活跃"，14~23 分代表"中度活跃"，24 分及以上代表"活跃"。

关于参与者的工作情况和其他更具体的信息，本书通过七个问题进行测量。例如，参与者在工作场所的锻炼经验是通过以下条目测量的："你在工作时间进行过体育活动吗？"参与者的工作环境是通过"你的工作环境是什么？"来测量的。此外，问卷还要求受访者提供职业信息，包括职业状况、职业角色、工作行业、工作组织和每周工作时间。所有的测量条目见附录 B。

第二部分用来验证可能的办公空间运动行为影响因素。问卷的第二部分采用了 Likert 7 点量表（1= 完全不同意，7= 完全同意），来测量 52 个代表办公空间人员运动行为可能的影响因素条目。

"感知行为可控"包含 3 个测量条目，是根据 Ajzen 和 Madden 开发的量表[264] 调整得到的。"能力"包括 7 个测量条目，是直接借鉴了 Buckworth 和同事[285] 开发的量表。"感知健康"包括 9 个测量条目，也是直接借鉴了 Sechrist 和同事[286] 开发的成熟量表。测量"愉悦"的 8 个测量条目，借鉴了 Buckworth 和同事[285] 开发的成熟量表。"表现"包含 5 个测量条目，是根据 Buckworth 和同事[285] 开发的条目进行了调整。"家人和朋友影响"的 2 个测量条目，是根据 Taylor 和 Todd 开发的条目[265] 进行调整。"同事影响"和"上级影响"的测量条目，是本书参考"家人和朋友影响"的测量条目进行独立开发的。"社会支持"包括 2 个测量条目，参考 Buckworth 和同事[285]，以及 Sechrist 和同事[286] 研究中使用的条目进行了调整。"社会强化"的测量条目参考 Elliot 和同事[287] 开发的量表进行了调整。"公共空间规模""运动器材""运动指导"的测量条目，是参考 Taylor 和 Todd 开发的量表[265] 创造的。"活力传统"则使用作者自己开发的条目进行测量，类似的测量条目也被应用于"工作节奏""休息时间""工作场所政策""工作负担"的测量条目中。问卷第二部分所使用的全部测量条目见附录 A。

为了测量上文所述的运动行为意图，研究中使用了 3 个测量条目。分别是"我有意愿进行身体活动。(1= 非常不符合, 7= 非常符合)""我将会在办公环境中尝试身体活动。(1= 非常不符合, 7= 非常符合)""您在办公环境中进行身体活动的频率是？（ 总是—很少)"。测量运动行为意图的条目是采用 Ajzen 和 Madden 开发的成熟量表[264]。

第三部分用来收集参与者的文化背景与人口学信息。其中文化维度的部分采用 Hofstede 的文化维度量表[288]。参与调查的办公空间工作人员人口学信息收集包括年龄、性别与受教育年限。

2.1.3　实验过程设计

本书研究中的参与者，通过 Prolific 和问卷星数据库进行随机邀请。这两个平台向参与者发送了电子邮件或信息，其中附有调查问卷的链接和详细说明。这个链接允许参与者在多种设备上（如：电脑、智能手机等）参与本问卷研究。

参与者被要求点击调查问卷的链接，并填写调查问卷，问卷具体内容如 3.3.2 中所描述。来自 Prolific 平台的参与者，会被链接到 LimeSurvey 以填写调查问卷。来自问卷星平台的参与者，则直接在问卷星平台填写调查问卷。所有的参与者填写的调查问卷内容相同，来自 Prolific 平台的参与者（欧洲、美国的参与者）填写了英文版的问卷，而来自问卷星平台的中国参与者填写了中文版的问卷。

在所有参与者正式开始填写调查问卷之前，会看到一封欢迎信，内容包括本问卷介绍、估计完成调查问卷的时间，以及调查问卷的结构，参与者被问及他们是否同意"知情同意书"中的条款，表示同意的参与者（N = 512）参加了这项问卷研究。关于研究中采用的问卷介绍和知情同意书详情见附录 B。本书中的研究是根据《赫尔辛基宣言》的指导方针进行设计的，并得到了埃因霍温理工大学道德伦理委员会的批准[①]。

所有自愿参与的参与者被要求完整地完成问卷调查，在问卷的最后，向参与者展示了关于他们权利和隐私的更多信息。最后，参与者收到了本文作者的感谢，完成整个调查问卷的参与者得到平台的现金奖励。Prolific 平台的参与者得到约 1.4 欧元的现金奖励，问卷星平台的参与者得到 10 元人民币的现金奖励。

2.2 办公空间运动行为的影响因素

本书的研究采用因子分析方法[289]，使用 IBM SPSS 版本 22.0 研究了上文中选取的 18 个可能的办公空间运动行为影响因素。

2.2.1 办公空间运动行为的影响因素测试

类似 Buckworth 和同事的研究[285]，以及 Gerbing 等人的研究[290]，本书的研究中测试了 52 个测量条目的内部可靠性。因在原始的 52 个测量条目中，包含本文独立开发的非成熟量表，所以首先采用探索性因子分析[291]来确定测量条目与所代表的影响因素之间的关系。

在分析中，先对反向计分的测量条目进行反向计分处理，即将数据中的 1 分变为 7 分，7 分变为 1 分，反向计分处理完成之后，进行了第一次探索性因子分析。KMO 检验结果如表 2-3，KMO 的值为 0.89，表明研究选取的样本非常适合做探索性因子分析研究[292, 293]。

---

① 批准协议代码1016，于2019年12月11日获得批准。

KMO检验结果表		表2-3
Kaiser-Meyer-Olkin Measure of Sampling Adequacy.		0.899793
Bartlett's Test of Sphericity	Approx. Chi-Square	14024.931
	df	1326
	Sig.	0.000

在分析的过程中，按照如下标准排除测量条目：

①因子载荷小于 0.5（Hair et al.，1998；Hair et al.，2016）[294, 295]；

②交叉负载（Chiou et al.，2006）[296]；

③共同度小于 0.5（Chiou et al.，2006）[296]。

研究中进行了反复多次的探索性因子分析，来排除不达标的条目。在第一轮的探索性因子分析中，排除了 10 个测量条目，删除的条目编号为 9、10、11、31、35、38、39、48、49、50；与之类似的，在第二轮探索性因子分析中，排除了 9 个测量条目，删除的条目编号为 36、37、40、51、52、53、54、55、56；最后，在第三轮探索性因子分析中，排除了 2 个测量条目，删除的条目编号为 26、41。

经过三次探索性因子分析，排除了上述的 21 个测量条目后，最终保留了 31 个测量条目，根据探索性因子分析的数据指标，这 31 个条目很好地代表了其对应的影响因素。在原始的 18 个可能的影响因素中，其中 8 个可能的影响因素被排除，因为这些可能的影响因素的所有测量条目在探索性因子分析中被排除了[293]。

因此，分析结果显示 10 个办公空间运动行为影响因素和它们对应的测量条目，在探索性因子分析中达到了满意的指标。表明办公空间运动行为的影响因素有 10 项，分别为：能力、感知健康、愉悦、家人与朋友影响、同事影响、上级影响、工作节奏、休息时间、工作场所政策、工作负担。

2.2.2　办公空间运动行为的影响因子提取

在得到 10 个办公空间运动行为的影响因素后，为了对这些影响因素进行降维，并探索这些影响因素的内在结构[290]，对代表 10 个影响因素的 31 个测量条目，进行了第四轮探索性因子分析。在进行探索性因子分析之前，再次进行了 KMO 检验，结果显示 KMO 值为 0.9091，同时 Bartlett 球形检验的结果显著，表明修订后的数据很适合做探索

性因子分析 [292, 293]。

　　此次分析采用了主成分分析法（Principal Component Analysis）和方差最大化旋转法（Varimax with Kaiser Normalization Rotation Method）对剩余的 31 个条目重新进行探索性因子分析。在第四次的探索性因子分析中，从代表 10 个影响因素的 31 个测量条目中提取出 4 个特征根大于 1 的因子，如表 2-4 所示。即代表办公空间运动行为的 10 个影响因素可以进一步降维为 4 个底层影响因子。

因子分析结果表　　　　　　　　　　　　　　　　表2-4

条目编号	代表影响因素	因子1	因子2	因子3	因子4
28	愉悦	0.8056	0.2635	0.0511	0.0574
14	能力	0.8005	0.0472	0.1150	−0.0441
16	能力	0.7954	0.0611	0.1505	−0.0600
29	愉悦	0.7843	0.2586	0.0746	0.1791
13	能力	0.7767	0.1187	0.1745	−0.0629
33	愉悦	0.7687	0.2466	0.1516	0.1477
30	愉悦	0.7678	0.1300	−0.0081	0.0842
32	愉悦	0.7662	0.1434	−0.0768	0.1570
12	能力	0.7616	0.1352	0.0376	−0.1002
34	愉悦	0.7418	0.3194	0.1099	0.1398
17	能力	0.7078	0.1302	0.0705	−0.1487
15	能力	0.7032	−0.0077	−0.0613	−0.0642
18	能力	0.6952	−0.0295	−0.0685	−0.1779
23	感知健康	0.0801	0.7533	−0.0235	−0.0139
22	感知健康	0.1404	0.7391	−0.0213	0.0448
27	感知健康	0.1530	0.7174	0.0577	0.1294
20	感知健康	0.0300	0.6709	−0.0921	0.0076
25	感知健康	0.2201	0.6526	0.0549	0.0961
19	感知健康	0.3154	0.6500	−0.0327	−0.0577
24	感知健康	0.1730	0.6422	0.0574	−0.0600
21	感知健康	0.0219	0.6255	0.1580	0.1058
44	同事影响	0.1325	−0.0097	0.8402	0.1179
46	上级影响	0.1236	−0.0249	0.8094	0.1354
45	上级影响	−0.0602	0.0841	0.8071	0.0063
43	同事影响	−0.0755	0.1388	0.7954	0.0185

续表

条目编号	代表影响因素	因子1	因子2	因子3	因子4
42	家人与朋友影响	0.1519	0.0991	0.7142	0.1857
47	上级影响	0.1172	−0.1380	0.6615	0.0939
57	工作节奏	−0.0460	0.0551	0.0667	0.8071
59	工作场所政策	0.0637	0.0047	0.2135	0.7996
60	工作负担	−0.0841	0.1261	0.0727	0.7987
58	休息时间	0.0112	0.0154	0.1350	0.7926

最终的探索性因子分析的结果显示，上述所有 31 个条目都符合以下标准：

①因子载荷 >0.5（Hair et al.，1998；Hair et al.，2016）[294, 295]；

②无交叉负载（Chiou et al.，2006）[296]；

③共同度小于 >0.5（Chiou et al.，2006；MacCallum et al.，1999）[296, 297]；

④因子模型的累积贡献率尽量大（Smith，Caputi，& Rawstorne，2007）[298]；

⑤提取的因子模型简单可解释（Wang & Liao，2007）[299]。

这表明代表 10 个影响因素的 31 个测量条目之间的相互关系是可靠的，并且每个条目很好地代表了相应的影响因素。根据以下三个标准，对办公空间运动行为的底层影响因子进行提取，在代表 10 个影响因素的 31 个条目中，找到了清晰、可靠的 4 个底层因子。

①特征值大于 1.00（Braeken & van Assen，2017）[300]；

②通过碎石图检验（Cattell，1966；Cattell & Jaspers，1976）[301, 302]；

③因子可以在专业角度进行解释，且理论上合理（Fabrigar et al.，1999）[303]。

如表 2-5 所示，4 个底层因子的方差累计解释率为 60.46%。如表 2-5 中数据显示，所有条目的因子载荷均在 0.66 ~ 0.84 之间，且无交叉载荷，表明四因子结构十分清晰[295]。四因子结构表明了 4 个独立的、可解释的因子。因子一包含了 13 个条目，这些条目代表了影响因素"能力"和"愉悦"，将因子一命名为"内部动机"。因子二包含了 8 个代表"感知健康"的条目，将因子一命名为"外部动机"。因子三包含了 6 个条目，这些条目代表了影响因素"同事影响""上级影响"和"家人与朋友影响"，将因子三命名为"社交环境"。因子四包含了 4 个条目，这些条目代表了影响因素"工作节奏""工作负担""休息时间"和"工作场所政策"，将因子四命名为"工作环境"。

因子分析提取因子表 表2-5

	因子	初始特征值	旋转后解释方差/%	累计解释方差/%	条目数	Cronbach's α 值
1	内部动机	9.0404	25.2850	25.2850	13	0.9435
2	外部动机	4.1623	13.5438	38.8287	8	0.8491
3	社交环境	3.2905	12.3931	51.2219	6	0.8746
4	工作环境	2.2506	9.2420	60.4638	4	0.8403

因此，本书将发现的10个办公空间运动行为的影响因素抽象为4个影响因子，即办公空间运动行为影响因子为内部动机、外部动机、社交环境和工作环境。

2.2.3 办公空间运动行为影响因子的信度

本书的研究采用科隆巴赫系数（Cronbach's alpha）来评估4个办公空间运动行为影响因子的信度。Guieford（1950）指出，科隆巴赫系数值高于0.7代表高信度[304]。如表2-5所示，因子"内部动机"的 Cronbach's α 值为0.9435、因子"外部动机"的 Cronbach's α 值为0.8491、因子"社交环境"的 Cronbach's α 值为0.8746、因子"工作环境"的 Cronbach's α 值为0.8403。四个因子的 Cronbach's α 值均大于0.84，则表明研究中得到的四个因子包含的条目具有内部一致性，即具有较高的内部信度[302]。

2.2.4 办公空间运动行为影响因子的得分

本书的研究计算了归属于同一个因子的所有条目的平均分，可以得到被调查的办公空间工作人员在4个因子上的打分，即办公空间运动行为影响因子的得分。因子得分结果如表2-6所示，办公空间工作人员对四个因子的打分高低，反映了对被调查的办公室人员而言每个因子的重要程度。

因子得分表 表2-6

排名	因子	得分
1	外部动机	5.8815
2	工作环境	4.7542
3	内部动机	4.5674
4	社交环境	3.7411

在因子分析得到的 4 个办公空间运动行为影响因子中，外部动机得分最高，排在第二位的是工作环境，第三位和第四位分别是内部动机和社交环境。即被调查的办公空间工作人员认为，在四个影响因子中外部动机最为重要，其次是工作环境和内部动机，社交环境重要性最弱。

本书的研究旨在提出办公空间运动行为的劝导式设计干预策略，而对办公空间运动行为影响因子的研究明确了干预机制，对上述 4 个影响因子进行干预，则可以有目的地干预办公空间运动行为。因此，4 个影响因子重要程度的排序，可以作为后续提出劝导式设计策略中干预优先级排序的依据。

2.3　办公空间运动行为的影响因子模型

2.3.1　办公空间运动行为影响因子模型比较

在上一小节中，获知了 10 个办公空间运动行为的影响因素以及这些影响因素的 4 个影响因子，为了研究 4 个影响因子之间的关系，本小节中运用结构方程模型来验证办公空间运动行为的影响因子模型。

根据探索性因子分析研究结论，办公空间运动行为的影响因素包括内部动机、外部动机、社交环境和工作环境 4 个底层影响因子。因此，本书构建了四因子模型并采用结构方程模型对四因子模型进行验证，这种构建和验证模型的方法经常被用来检验探索性因子分析研究中发现的一个特定模型[303]。

在本小节的分析中，以四因子模型作为假设模型，又构建了 3 个与之竞争的代替模型。为了评估假设模型，并检验是否能够从统计学上区分假设模型与代替模型，使用IBM AMOS 22.0 进行了结构方程模型分析。

本书分析并比较了以下 4 个模型：

①单因子模型：内部动机＋外部动机＋社交环境＋工作环境；

②两因子模型：动机（内部动机＋外部动机）、环境（社交环境＋工作环境）；

③三因子模型：动机（内部动机＋外部动机）、社交环境、工作环境；

④四因子模型：内部动机、外部动机、社交环境、工作环境。

上述每一个模型的拟合指标均使用比较拟合指数（Comparative Fit Index）、渐进误差均方根（Root Mean Square Error of Approximation）和标准化残差均方根（Standardized Root Mean Square Residual）三个指标来评估。同时用 x^2 作为指标，检验 4 个模型之间的差异，比较模型的拟合程度[305, 306]。

结构方程模型的比较表　　　　　　　　　　表2-7

	x^2	df	p	x^2/df	RMESA	CFI	SRMR
单因子模型	4938.9977	434	0.0000	11.3802	0.1474	0.4977	0.1531
两因子模型	3596.2163	433	0.0000	8.3053	0.1236	0.6473	0.1169
三因子模型	2944.3824	431	0.0000	6.8315	0.1105	0.7198	0.1039
四因子模型	2063.6010	428	0.0000	4.8215	0.0894	0.8176	0.0737

如表 2-7 所示，研究比较了假设模型（四因子模型）与其他 3 个代替模型的拟合度。其中，3 个代替模型与研究的数据匹配良好，但模型的拟合度不够理想。对于假设模型（四因子模型）拟合良好（x^2=2063.6010，df=428，x^2/df=4.8215，RMSEA=0.0894，CFI=0.8176），并且显著优于其他 3 个代替模型，表明四因子结构模型得到数据支持。该结果表明，四因子结构模型为办公空间运动行为影响因子模型的最优模型，即内部动机、外部动机、社交环境和工作环境在办公空间运动行为之间起部分中介作用。

2.3.2　办公空间运动行为影响因子模型效度

随后，检验了办公空间运动行为影响因素模型的区分效度与聚合效度。为了评估四因子模型的聚合效度，评估了平均方差提取（Average Variance Extracted，AVE）和组合信度（Composite Reliability，CR）两个指标[307]。通常情况下 AVE 值大于 0.5 且 CR 值大于 0.7，则表明聚合效度较高[307, 308]。另外，当因子的 AVE 值大于该因子与其他因子的相关系数的平方值时，表明具有高的区分效度。

四因子的CR和AVE值　　　　　　　　　　表2-8

	AVE	CR
内部动机	0.5670	0.9439
外部动机	0.4220	0.8529

续表

	AVE	CR
社交环境	0.5432	0.8755
工作环境	0.5711	0.8419

注：AVE = average variance extracted；CR = composite reliability.

表 2-8 显示，所有因子的 CR 值都大于 0.7，且 4 个因子中，有 3 个因子的 AVE 值大于 0.5。根据 Hair 等人（1998）[294] 和 Chin（1998）[309] 的建议，以上指标达到了可以接受的聚合效度（Convergent Validity）标准，表明四因子模型具有较好的聚合效度。

为了评估四因子模型的区分效度，计算并评估了 AVE 平方根值。表 2-9 报告的 AVE 平方根值分别为 0.75、0.65、0.74 和 0.76，最小平方根值为 0.65，该值大于所有相关系数的最大值 0.37，表明四因子模型具有良好的区分效度[307]。

四因子的AVE平方根值 　　　　　　　　　　　　　　　　表2-9

	内部动机	外部动机	社交环境	工作环境
内部动机	0.7530			
外部动机	0.371**	0.6496		
社交环境	0.156**	0.085	0.7370	
工作环境	0.017	0.112*	0.263**	0.7557

注：*$p<0.05$，**$p<0.01$

总体而言，办公空间运动行为的四因子模型具有良好的聚合效度、区分效度和整体拟合度。在探索性因子分析中发现的四因子结构，通过了结构方程模型的分析与评估。

2.3.3 办公空间运动行为影响因子模型构建

为了得到更好的因子结构模型，对四因子模型进行了几次修正。结合所有测量条目与因子之间的关系分析，数据显示内部动机和外部动机两个因子具有较强的关联性，而社交环境和工作环境两个因子之间也具有较强的关联性。考虑到每个独立的影响因素对底层影响因子的作用非本书的研究重点，最终经过简化得到了"办公空间运动行为影响因子模型"。

如图 2-1 所示，"办公空间运动行为影响因子模型"清晰地显示了四个因子之间的

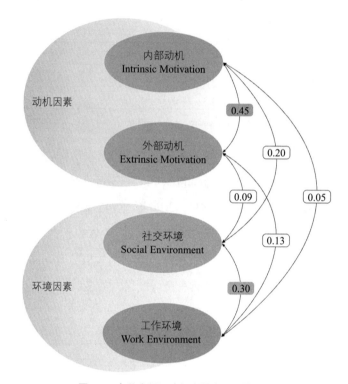

图2-1 办公空间运动行为影响因子模型图

关系。其中，因子内部动机与因子外部动机的相关性最强，因子社交环境与因子工作环境的相关性也明显强于其他因子之间的相关性系数。因此，本书认为"办公空间运动行为影响因子模型"中四个独立的因子，又可以分为动机因素和环境因素两大类别。

2.4 办公空间运动行为的劝导模型

2.4.1 办公空间运动行为意图回归分析

在上一小节中得出办公空间运动行为的影响因子模型后，研究结果已经充分解释了办公空间运动行为影响因素，以及影响因素之间的关系。为了进一步探索这些影响因素对办公空间运动行为的作用，本书采用回归分析的方法，研究了4个办公空间运动行为影响因子与办公空间工作人员运动意图的关系。在测量材料开发部分，描述了三个测量办公空间工作人员运动意图的问题，并且阐明了运动意图对与运动行为的预测作用。

为了进一步探讨办公空间运动行为影响因子模型与办公空间工作人员运动意图的关系，分别以运动意图（测量问题61）、在办公空间运动的意图（测量问题62）、在办公空间运动的频率（测量问题63）为因变量，以模型中的4个因子（内部动机、外部动机、社交环境、工作环境）为自变量进行回归分析。

当以"运动意图"为因变量，模型中4个因子为自变量时，回归分析结果如表2-10所示。F检验的值为63.432（$p<0.001$），Adjusted R^2为0.343。由回归结果可知，内部动机、外部动机和工作环境对于"运动意图"具有显著的正向影响。也就是说，内部动机、外部动机和工作环境的得分越高，相应的"运动意图"的得分也就越高，即更加"打算进行身体运动"。

回归分析结果表　　　　　　　　　　　　　　表2-10

	非标准化系数		标准化系数	t	Sig.	95.0%置信区间	
	B	标准误	Beta			下限	上限
（常量）	1.2160	0.3571	—	3.4049	0.0007	0.5142	1.9178
IM	0.3677	0.0374	0.3966	9.8262	0.0000	0.2942	0.4412
EM	0.4177	0.0610	0.2751	6.8490	0.0000	0.2978	0.5375
SE	−0.0338	0.0334	−0.0393	−1.0110	0.3125	−0.0995	0.0319
WE	0.1387	0.0307	0.1746	4.5152	0.0000	0.0784	0.1991

注：IM代表内部动机；EM代表外部动机；SE代表社交环境；WE代表工作环境。

以"在办公空间运动的意图"为因变量，模型中4个因子为自变量，进行回归得到，F检验的值为29.907（$p<0.001$），Adjusted R^2为0.195。结果表明，内部动机、社交环境和工作环境对于"在办公空间运动的意图"具有显著的正向影响。也就是说，内部动机、社交环境和工作环境的得分越高，相应的"在办公空间运动的意图"得分也就越高，即更加"愿意尝试在办公空间进行身体活动"。

以"在办公空间运动的频率"为因变量，模型中4个因子为自变量，进行回归得到，F检验的值为22.279（$p<0.001$），Adjusted R^2为0.151。回归结果表明，内部动机、社交环境和工作环境对于"在办公空间运动的频率"具有显著的正向影响。也就是说，内部动机、社交环境和工作环境的得分越高，相应的"在办公空间运动的频率"得分也就越高，即更加"频繁地在办公空间进行身体活动"。

回归分析显示，全部的4个因子都对办公空间人群的运动意图有所影响，但是在不同的因变量上显示出了差异。当测量问题中提到"在您的办公空间中"时,"外部动机"的影响不显著,则"社交环境"的影响更为显著。

2.4.2 办公空间运动行为劝导模型提出

回归分析的研究结果表明,内部动机、外部动机、社交环境和工作环境4个因素都对办公空间运动行为的意图存在正向影响。其中,内部动机、社交环境和工作环境三个因素的影响作用,在办公空间场景中表现得更为显著。加之前文中阐述的运动行为意图与实际运动行为的相关性,运动行为改变领域的研究人员普遍同意,运动行为意图是运动行为的关键影响因素。

综上结果,本书提出"办公空间运动行为劝导模型"(OEB Persuasive Model),如图2-2所示。内部动机、外部动机、社交环境和工作环境4个因素对办公空间人员的运动行为意图有着显著正向影响。这4个因素可以理解为"动机"和"环境"两方面,且每个因素之间存在相互影响。办公空间运动行为意图对实际的办公空间运动行为也有着显著正向影响和预测作用。

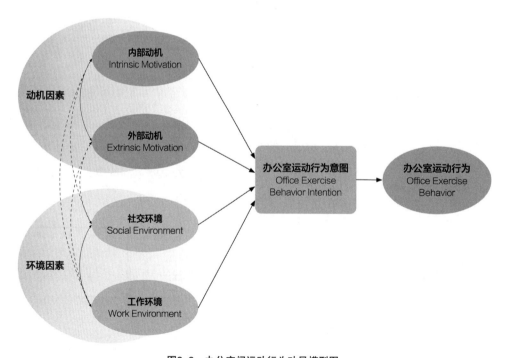

图2-2 办公空间运动行为劝导模型图

本书提出的 OEB 劝导模型，区别于 FBM 模型中"动机""能力""触发点"三个维度的因素，更加突出了"环境"因素的作用。这是由于在办公空间运动的情景下，环境因素包括物理环境和社交环境，对办公空间人员的行为有着重要的影响作用。如果环境因素表现为"障碍"或"限制"，则"能力"受到阻碍，即使办公空间人员有着强烈的运动动机，运动行为也很难发生。因此，在进行办公空间环境中的运动行为促进中，应针对环境因素进行劝导和干预，提升整体的劝导式设计干预效率。这种强调环境因素的劝导模型，与 Stokols（1996）[310] 提出的"社会生态学"途径干预健康行为改变有类似的观点。

OEB 劝导模型解释了办公空间运动行为的干预机制，可以用来干预和预测办公空间运动行为。同时，这种结合"动机因素"和"环境因素"的劝导模型，以及强调环境因素的干预机制，是劝导模型理论的创新。

2.5 小结

本章对办公空间运动行为的影响因素展开了研究，验证了办公空间运动行为的影响因素，分析了办公空间运动行为影响因子和影响因子模型，提出了 OEB 劝导模型，以上结果解释了办公空间运动行为的干预机制。

首先，2.2 节的研究验证了 18 个可能的办公空间影响因素，发现其中 10 个因素影响办公空间运动行为，这 10 个影响因素又可被划分到 4 个底层影响因子下，包括内部动机、外部动机、社交环境和工作环境。该研究结果回答了本章开头提出的研究问题一。

其次，2.3 节进一步分析了 4 个办公空间运动行为影响因子之间的结构关系和互相影响的作用，构建了四因子结构的办公空间运动行为因子模型。该研究结果回答了本章开头中提出的研究问题二。同时，基于验证的测量条目的高信度、测量条目之间的结构清晰稳定，构建了 OEBD 量表。OEBD 量表经过数据的验证，具有满意的内部信度，可以用于测量和评估办公空间运动行为的影响因素。

最后，2.4 节通过回归分析探究了 4 个办公空间运动行为影响因子与运动行为意图的关系，发现 4 个因子对运动行为意图均有显著正向影响，回答了研究问题三，并且构建了 OEB 劝导模型。OEB 劝导模型全面地解释了办公空间运动行为的干预机制，对比现有的劝导模型理论，更加强调在办公空间特殊场景下环境因素的劝导作用，是劝导模型创新的探索。

第 3 章

设计分析：
办公空间活力促进
设计要素

在第 2 章，已经建立了办公空间运动行为劝导模型，确定了干预机制。由于无法直接对 OEB 劝导模型中的 4 个因子进行干预，需要研究可以对因子产生影响的设计干预方法。本章针对设计干预方法进行研究，即全面、系统地提取了办公空间运动行为的设计要素。

本章的研究将介绍：促进办公空间运动行为的视频收集、筛选和分类；促进办公空间运动行为的语句转录与分析；办公空间运动行为的设计要素分析与提取；办公空间运动行为的设计要素的定义。在本章研究中主要采用视频分析的方法，从促进办公空间运动的视频内容出发，全面地分析目前知名商业公司、职业健康研究机构、学术研究机构和学生项目中通过设计手段促进办公空间运动行为的方法，总结办公空间运动行为的设计干预方法。

➤ 本章探索研究问题：办公空间运动行为的设计要素有哪些？

近年来，随着社会和研究人员对办公空间环境中的运动与健康的关注，许多办公空间的设计展现出了促进运动行为、提高员工活力的设计趋势。这些设计包含独立产品、智能系统、软件—硬件结合的产品，乃至办公空间的空间环境、建筑环境和企业政策等。

在这些促进办公空间运动和健康的设计中，包含着多层面的设计思想和设计要素，这些设计要素被实践研究证明对干预办公空间运动行为有一定效果。但这些设计要素通常是分散的、非系统的、宽泛的，在目前的研究中，并没有从设计学科视角下对实践中普遍认可的设计要素进行系统地提取总结。

本章的研究围绕办公空间运动行为的设计要素展开，从现有的促进办公空间运动和健康的设计出发，提取这些设计中的设计要素，并解释了这些设计要素在促进办公空间运动行为语境下的含义，旨在从设计学科的视角，全面地提取总结促进办公空间运动行为的设计要素。

3.1 研究方法设计

在本章的研究中，重点关注以设计方法促进办公空间运动行为的信息。为了收集和分析这些办公空间运动行为的设计要素，本书在研究的不同阶段，采用了以下两种研究方法。

3.1.1 视频分析法

（1）视频分析

为了收集和研究办公空间运动行为的设计要素，本章研究采用了视频分析（Video Analysis）[311] 的方法。从分析知名商业公司、职业健康研究机构、学术研究机构和学生项目，收集他们制作的促进办公空间运动和活力的视频进行分析研究。

视频分析是研究人员用来理解用户的感知和行为的一种研究方法。近年来，视频分析的方法被设计人员和设计研究者广泛地应用在可交互式的产品和环境研究中。另外，许多学者尝试使用视频原型法来替代传统的原型方法，更好地探索新技术或应用程序的功能和使用情景 [312, 313]。在使用视频作为表现形式的时候，设计人员能够表现出超越目前物理条件限制的理想案例或未来构想。视频作为设计原型，提供了探索技术问题、用户体验，以及社会问题的新机会。许多商业公司通过制作概念视频，宣布他们的未来愿景和下一代产品。例如，Elon Musk 的未来城市视频中展示了 Musk 对未来城市的愿景，包括虚拟体验、未来的交通系统，以及 SpaceX 计划。在 Amazon 未来城市的视频中，Amazon 展示了由住宅、交通、AI 智能助手、零售运输组成的未来智能生活世界。视频分析方法以一种用户容易理解的方式传达用户体验，部分设计可能受限于目前条件无法实现，然而，影片中呈现的元素会帮助用户创建对其用户体验的理解。

因为办公空间环境是一个复杂的系统，其中包含诸多元素和变量，其中的设计要素很难单一地去进行设计和传达。目前促进办公空间运动和活力的研究项目也多以视频的方式去介绍，力求完整地呈现他们的设计。因此，本书采用视频分析的方法来研究目前较为前沿的促进办公空间运动和活力的项目。

（2）视频收集

为了较为全面和广泛地探索和收集办公空间运动行为的设计要素，在视频收集阶段，使用了 4 种方法在互联网上搜索与办公空间运动行为、办公空间活动促进相关的视频。

第一，使用了几个关键词，例如，办公空间运动（Office Exercise）、办公空间运动产品设计（Office-exercise Product Design）、促进办公空间中的身体活动（Facilitating Physical Exercise in Office）、办公空间活力项目（Office Vitality Project）等。分别使用中文和英文关键词，在谷歌、Youtube、哔哩哔哩等网站上进行搜索并筛选合适内容。第二，使用这些中文和英文关键词，分别在 TikTok、抖音等时下流行的短视频平台进行搜索和筛选。第三，对于每个网站或平台的搜索结果，作者浏览了网络系统所推荐的视频和相关项目。第四，作者访问了埃因霍温理工大学的网站，调查埃因霍温理工大学VitalityWeek 的资料和学生的设计项目。

3.1.2　内容分析法

为了分析上述收集到的办公空间运动行为的劝导式设计视频内容，使用内容分析的方法。对视频内容，包括现有的产品和系统，或未来概念的视频；既包括显性内容信息，也包括隐性内容信息进行客观的描述和分析。通过将视频内容转录成语言，提取了大量促进办公空间运动行为的语句。这些语句可以描述促进办公空间运动行为的设计方法。接着将这些语句中描述的设计关键词进行提炼、总结与分析，得出办公空间运动行为的设计要素。

根据分析和筛选，在收集的 36 部促进办公空间运动行为的影片中，选取了 24 部准确描绘了促进办公空间运动行为设计或方法的影片。本书对这 24 部视频影片中的关键语句进行了转录，提取其中的设计要素，并通过专家讨论和走查等方法，最终定义了 30 个办公空间运动行为的设计要素。

3.2　促进办公空间运动行为的设计要素收集

3.2.1　视频收集

根据 3.1 节中描述的视频收集方法，总共收集了 36 部合适的视频资料，如表 3-1 所示。在这些视频资料中，促进办公空间运动行为的设计被明确地展示在视频内容中，或通过旁白介绍来表达办公空间环境中对促进运动行为的设计考虑，或通过附加的注释来展望办公空间场景中的运动行为。

这些视频短片涵盖不同领域，包括产品介绍或产品测评短片、商业公司项目、公司介绍短片、学术研究机构项目，非盈利项目，以及学生的项目。在表 3-1 中，根据这些促进办公空间运动行为设计的内容，概括了这些设计的类别。具体包括了产品设计、环境设计和系统设计三大类。其中，产品设计又涉及办公环境中的家具、设施、智能产品等硬件与软件相结合的产品；环境设计涉及办公空间环境中的气候、温度、光线、空间等硬件和软件的设计；系统设计涉及办公空间中的政策、服务、教育及其相关的硬件和软件设计。

促进办公空间运动行为的视频资料 表3-1

序号	视频类别	视频来源	设计类别
1	学生项目	Youtube	产品设计——概念设计
2	学生项目	Youtube	产品设计——家具设计
3	学术机构项目	Brainport Eindhoven官方网站	产品设计——智能产品（侧重于传感器与新材料的应用）
4	学术机构项目	ACM数字图书馆	服务设计——结合环境设计、标识设计、软件设计
5	商业公司项目	Nano4 Sport官方网站	产品设计——智能产品（主要利用传感技术）
6	商业公司项目	Officevitae官方网站	环境设计——空间内环境（传感器检测、软件智能控制）
7	商业公司项目	Youtube	环境设计——对气候、温度、光等的智能检测（使用传感器和软件控制）
8	商业公司项目	Online Fit Company官方网站	系统设计——政策、服务、教育
9	学术机构项目	埃因霍温理工大学官方网站	环境设计
10	商业公司项目	Spacewell官方网站	环境设计——对环境内气候、温度、空间占有情况等的智能检测
11	商业公司项目	Spacewell官方网站	环境设计——对环境内气候、温度、空间占有情况等的智能检测
12	商业公司项目	Spacewell官方网站	环境设计——对环境内气候、温度、空间占有情况等的智能检测
13	商业公司项目	Spacewell官方网站	环境设计——对团队协作和空间占有情况的数据管理，侧重于软件
14	商业公司项目	Spacewell官方网站	环境设计——对环境内气候、温度、空间占有情况的数据管理
15	非盈利项目	ALSCO官方网站	系统设计——政策、教育
16	产品介绍	Youtube	产品设计——硬件产品
17	产品介绍	Wellergon官方网站	产品设计——硬件产品
18	产品测评	Youtube	产品设计——硬件产品
19	非盈利项目	Brain Education TV官方网站	系统设计——政策、教育、服务
20	产品介绍	Sunny Health & Fitness官方网站	产品设计——硬件产品
21	产品介绍	Mashable官方网站	产品设计——硬件产品
22	产品介绍	ProForm官方网站	产品设计——硬件产品

续表

序号	视频类别	视频来源	设计类别
23	公司介绍	The Wall Street Journal	环境设计——环境中的硬件、软件、空间、服务
24	公司介绍	Tech Vision官方网站	环境设计——环境中的硬件、软件、空间、服务
25	公司介绍	Work for Bloomberg官方网站	环境设计——环境中的硬件、软件、空间、服务
26	公司介绍	Insider Tech官方网站	环境设计——环境中的硬件、软件、空间、服务
27	公司介绍	Tech Vision官方网站	环境设计——环境中的硬件、软件、空间、服务
28	商业公司项目	Workforce官方网站	环境设计——环境中的硬件、软件、空间、服务、政策
29	公司介绍	Team Liquid官方网站	环境设计——环境中的硬件、软件、空间、服务
30	公司介绍	Tech Vision官方网站	环境设计——环境中的硬件、软件、空间、服务
31	学术机构项目	Cursor TU/e官方网站	系统设计——政策、服务、教育
32	学术机构项目	Cursor TU/e官方网站	产品——硬件产品
33	学术机构项目	Cursor TU/e官方网站	系统设计——政策、文化、服务、教育
34	学术机构项目	Cursor TU/e官方网站	环境设计——空间、色彩、光线等
35	公司介绍	Philips官方网站	系统设计——政策、文化、服务
36	公司介绍	Philips官方网站	环境设计——环境中的硬件、软件、空间、服务

3.2.2 视频筛选

初步收集的视频资料如表 3-1 所示，为了有效地研究影响办公空间工作人员运动行为的各种设计因素，对初步收集到的 36 个视频进行了分析与筛选。为了筛选有效的反应促进办公空间运动行为设计要素的视频，对这 36 个视频进行了初步分析，将每个视频中观察到的清晰的、明确的信息进行转录。

一些无法进行转录的视频被排除在外，例如，Nano4Sports 关于《刺激运动中的技术创新》的影片中，主要展示了在跑步和骑自行车等活动中使用连续监测相关的设计。虽然影片展示的目的是身体活力的促进项目，但并未明确地传达出在办公空间环境中的应用和作用，所以该视频（序号 5）被排除，没有进行进一步的分析。

未能清晰展示设计要素在办公空间环境中作用的视频被排除。例如 OfficeVitae 公司的项目介绍（序号 6），仅介绍了为了促进办公空间健康和办公空间活力开发的几项工具，并未明确地在视频中表达这些工具在办公空间环境中的应用情况和应用场景，所以该视频（序号 6）被排除，而阐明其室内环境气候监测系统在 Green Village 中应用的视频（序号 7）则被保留。基于同样的考虑，OnlineFitCompany 制作的视频（序号 8）、Space Well 制作的介绍产品 Work Assistant 的视频（序号 13）和 Space Well 制作的介绍基于 IoT 的办公环境数据管理的视频（序号 14）也被排除。例如 Alsco 提供的促进办公空间运动、保证办公空间人员健康与活力的建议，为本书的研究提供了丰富的案例，但其制作的视频内容更像是一个教程，无法直接反应促进办公空间运动行为设计的因素，所以该系列视频（序号 15）被排除在外。基于同样的考虑视频 19 也被排除。

一些表达设计要素重复的视频被去除，因办公空间可折叠跑步机、桌下运动设备的产品介绍和测评视频内容重复度比较高，排除了视频 16、视频 20、视频 22，保留了比较有代表性的视频 17、视频 18。在介绍科技公司和未来办公场景的影片中，大部分设计要素是重复的，因此排除了 Alienware 的介绍视频（序号 29）和 Philips Blumenau 的介绍视频（序号 36），保留了三星、Bloomberg、Facebook、Google、Apple 和 Philips the Netherlands 的介绍视频。

使用上述筛选方法，根据初步分析视频内容的结果，本书在研究中选取了 24 段视频，并对这些选中的影片进行了编号以便进行后续的视频分析。表 3-2 展示了被选取的 24 段视频的关键截图、视频名称、视频创作者、视频来源，以及简短的视频内容介绍。

筛选后促进办公空间运动行为的视频资料　　　　　　　　　　表3-2

视频编号	视频关键截图	视频信息	
#1		视频名称	Ivy：A Qualitative Interface to Reduce Sedentary Behavior in the Office Context
		视频创作者	Daphne Menheere & Ida Damen
		视频来源	Youtube
		视频描述	Ivy（常春藤）的设计提供了一种促进办公空间活力的批判式设计视角
#2		视频名称	PositionPeak：Stimulating Position Changes During Meetings
		视频创作者	Annabel van den Broek，Lidewij Heerkens，Olga Cherepennikova & Kimberly Drabbels
		视频来源	Youtube
		视频描述	PositionPeak通过家具设计刺激会议期间员工姿势/位置变化，增加身体活动

续表

视频编号	视频关键截图	视频信息	
#3		视频名称	The Hub: Facilitating Walking Meetings through a Network of Interactive Devices
		视频创作者	Ida Damen，Anika Kok，Bas Vink，Hans Brombacher，Steven Vos，Carine Lallemand
		视频来源	Brainport Eindhoven官方网站
		视频描述	通过对校园环境中的路径和可交互设备的设计，促进行走中的会议，提高工作活力
#4		视频名称	Let's Walk and Talk: A Design Case to Integrate an Active Lifestyle in Daily Office Life
		视频创作者	Ida Damen，Rens Brankaert，Carl Megens，Pieter van Wesemael，Aarnout Brombacher，and Steven Vos
		视频来源	ACM数字图书馆
		视频描述	Workwalk促进办公空间工作人员进行步行会议，将传统的健康研究方法与迭代设计过程相结合，将行为改变技术集成到交互设计过程中
#5		视频名称	Demo of OfficeVitae's research project
		视频创作者	OfficeVitae
		视频来源	OfficeVitae官方网站
		视频描述	OfficeVitae研究项目通过技术创建健康、可持续的办公环境，增加办公空间工作人员的活力和福祉

续表

视频编号	视频关键截图	视频信息	
#6		视频名称	TU/e Vital Campus：Our Storits
		视频创作者	TU Eindhoven
		视频来源	埃因霍温理工大学官方网站
		视频描述	介绍了TU/e的校园活力文化，以及所有校园居民如何将这些活力文化融入日常生活中，拥有健康的生活方式
#7		视频名称	Spacewell 2019 AXA smart building testimonial
		视频创作者	Spacewell Global Headquarters
		视频来源	Spacewell官方网站
		视频描述	AXA Belgium以传感器、物联网平台和数据计算为基础的智能建筑
#8		视频名称	Spacewell Assist：Improve the workplace and support employees in real-time
		视频创作者	Spacewell Global Headquarters
		视频来源	Spacewell官方网站
		视频描述	Spacewell Assist应用程序基于传感器和数据分析，通过一系列用户友好的接触点，为办公空间工作人员提供实时信息
#9		视频名称	Spacewell Workplace Monitoring Solutions
		视频创作者	Spacewell Global Headquarters
		视频来源	Spacewell官方网站
		视频描述	基于传感技术分析工作场所空间情况

续表

视频编号	视频关键截图	视频信息	
#10		视频名称	Desk Exercise Bike-Desk Cycle-Pedal Exerciser - Exercise while working
		视频创作者	Well Ergon
		视频来源	Spacewell官方网站
		视频描述	介绍了支持工作期间运动的办公桌椅
#11		视频名称	Treadmill Desk working on the Office Walker
		视频创作者	Officefit
		视频来源	Youtube
		视频描述	一名办公空间工作人员使用Office Walker步行机进行站立式工作的经历、体验和健康状况的采访
#12		视频名称	Fitness office chair
		视频创作者	Mashable Deals
		视频来源	Mashable官方网站
		视频描述	SitTight办公椅的设计帮助办公空间工作人员保持"平衡坐姿",锻炼核心肌肉,以此对抗长时间坐着的影响

续表

视频编号	视频关键截图	视频信息	
#13		视频名称	Inside Samsung's Futuristic $300 Million Office
		视频创作者	Wall Street Journal
		视频来源	The Wall Street Journal官方网站
		视频描述	三星北美总部的开放式办公空间设计，旨在通过建筑与各空间之间的连接，增加办公空间工作人员的身体活动和交流，打造健康开放的办公空间
#14		视频名称	Inside Samsung's Massive Digital City
		视频创作者	Tech Vision
		视频来源	Tech Vision官方网站
		视频描述	三星集团为了容纳超过25万名员工，在首尔郊外建造了集办公、生活服务为一体的城市
#15		视频名称	Bloomberg London：Workplace of the Future
		视频创作者	Inside Bloomberg
		视频来源	Work for Bloomberg官方网站
		视频描述	伦敦Bloomberg的再设计，该办公场所的设计旨在与周围环境融为一体，是可持续设计的典范。办公场所内材料和工艺的设计创新，体现了工作场所鼓励创新、充满活力和协作的价值观

续表

视频编号	视频关键截图	视频信息	
#16		视频名称	Exclusive Look Inside Facebook's Engineering Office in London
		视频创作者	Tech Insider
		视频来源	Insider Tech官方网站
		视频描述	伦敦的Facebook工程办公空间参观
#17		视频名称	Inside Google's Massive Headquarters
		视频创作者	Tech Vision
		视频来源	Tech Vision官方网站
		视频描述	谷歌总部的办公场所设计
#18		视频名称	Modern Workspaces
		视频创作者	Workforce
		视频来源	Workforce官方网站
		视频描述	以员工为中心的健康办公空间设计
#19		视频名称	Inside the $5 Billion Apple Headquarters
		视频创作者	Tech Vision
		视频来源	Tech Vision官方网站
		视频描述	苹果总部Apple Park的办公空间设计

续表

视频编号	视频关键截图	视频信息	
#20		视频名称	Vitality Week @ TU/e
		视频创作者	TUeCursor
		视频来源	Cursor TU/e官方网站
		视频描述	TU/e活力周促进校园健康与活力的项目介绍
#21		视频名称	TU/e vital campus
		视频创作者	TU Eindhoven
		视频来源	Cursor TU/e官方网站
		视频描述	TU/e活力团队介绍充满同理心、幸福感、公平和社会参与的生动校园文化
#22		视频名称	Vitality Week 2018 - Aftermovie
		视频创作者	SSC Eindhoven
		视频来源	Cursor TU/e官方网站
		视频描述	TU/e活力周对员工健康的检查和测试
#23		视频名称	TU/e Built Environment VLOG #21 - Atlas
		视频创作者	TU Eindhoven
		视频来源	Cursor TU/e官方网站
		视频描述	TU/e中Atlas工作空间的设计和改造

续表

视频编号	视频关键截图	视频信息	
#24		视频名称	Working at Philips：Inside High-Tech Campus in the Netherlands
		视频创作者	Philips
		视频来源	Philips官方网站
		视频描述	Philips高科技园区内部工作环境介绍

表 3-2 展示了本书的研究中选取的 24 段视频的信息和关键截图，这些视频中显示出了清晰地促进办公空间运动行为的设计要素。并且在选取视频时，尽可能从视频来源类别和视频设计类别上进行较全面的覆盖，保证在所选取的 24 段影片中，尽可能全面地涵盖了目前设计中所有促进办公空间运动行为的设计要素。接下来将对这些视频中与促进办公空间运动行为相关的设计要素进行分析。

3.3　办公空间运动行为的设计要素提取

为了提取出筛选过后的 24 个视频中所表达的设计要素，本书的研究采用了类似于 Yaliang C. 及同事[314] 和 Sara Ten 及同事[315] 研究中提取信息的方法和进行系统分析的方法。研究邀请了人机交互和管理专业的两位博士生一起进行分析研究，对于每个视频，三位研究人员分别独立观看，并转录每个反映促进办公空间运动行为设计的视频内容。24 段视频内容被提取成完整的语句，包括主语、动词、宾语和其他上下文信息。通过这种方式，整理了 24 个选用视频中，用于促进办公空间运动行为设计的语句和其描述的设计要素，具体分析如下：

例如，在视频 #1 中，展示了"当用户在坐姿工作一段时间后，椅子上的藤蔓开始生长"，此时视频表达的是对用户一种较弱的提醒。"当用户忽略了藤蔓生长持续久坐行为，藤蔓会继续生长达到触碰用户的高度"，此时视频表达的是对用户更强的提醒。

图3-1　Ivy
（来源：#1视频截图）

如图 3-1 所示，该概念设计通过椅子上藤蔓的生长来干预用户的久坐行为，促进用户在工作期间的身体活动。对于较弱的提醒，它没有对用户目前的行为产生影响，因此将其描述的设计要素概括为"提醒"。对于更强的提醒，它已经对用户的行为造成了打断或引起了用户的负面情绪，因此将其描述的设计要素概括为"干扰"。

例如，在视频 #2 中，展示了"三个可以移动的家具"。如图 3-2 所示，这三个家具可以使会议中的人们采用不同的姿势，并且通过对家具的移动和组合，满足不同的会议需求和社交形式。因此，将其描述的设计要素概括为"模块化"，模块化的家具设计属于产品功能的一种。

图3-2 PositionPeak
（来源：#2视频截图）

PositionPeak 的设计目标是希望促进会议和讨论中的身体活动、姿势改变，从而打造一个有活力的会议空间。而实现这一设计目标采取的另外一个设计手段，则是利用对人机工程学的设计。一般产品设计都会尽量符合受众的人机尺寸，来满足用户使用产品时的舒适与方便，但区别于一般的办公空间中产品设计，PositionPeak 通过身体上的不舒适来促进会议中的人们的姿势改变，以促进身体活动。因此，本书将其描述的另一个设计要素概括为"人机工程学"。

例如，在视频 #11 中，一个办公空间共工作人员介绍了他在办公空间中使用站立式桌子的情况。如图 3-3a 所示，该用户表明"在开始使用 Treadmill 时，我经历了一些适应，很快我觉得站立工作更舒适、更精力充沛"。在用户进行运动行为的初期，如果感受到运动行为带来的益处，则更有利于将运动行为坚持下去，本书中将其表达的设计要素概括为"感知利益"。

接着该用户表示"我甚至觉得自己的想法、创造力和效率都变得更好"，这是用户对运动行为和工作任务之间关系的一种权衡。因为在办公空间中，用户的首要任务是完成工作，如果运动行为严重地影响到工作任务，那么运动行为则会被用户放弃。因此，使用户感受到运动带来的利益与工作任务之间的平衡，是办公空间运动场景中一个很重要的设计要素，本书将其概括为"感知利益平衡"。

如图 3-3b 所示，该用户表明"我把速度调整到低于平时走路的速度，因为我觉得这样或许更容易、我更有掌控力"。这段内容清晰地表达了用户对于运动行为的难易程度、可掌控程度的需求，即用户认为自己有能力进行某项运动是该运动行为产生的前提。因此，将该视频内容中表达的设计要素概括为"感知能力"。

接下来，该用户阐述了其使用 Treadmill 在办公空间进行运动时关注的一些社会性因素。例如，该用户提到"如果当你走进你的高级主管的办公空间时，她正穿着运动鞋在 Treadmill 上走路，这会打破界限，让高级主管变得更可接近。你也可以说运动使工作环境变得更具创意、更有趣"，该段内容中用户描述的设计要素可以被概括为"上级影响"。其中对员工与主管关系的描述，也包含"社会关系"对运动行为的作用。另外，对整体工作环境的描述，可以概括为"办公空间文化"。上级的影响、社会关系的促进和有趣、具有创意的办公空间文化，给该员工在办公空间使用 Treadmill 进行运动带来

图3-3　Treadmill 在工作状态

（来源：#11视频截图）

了积极的作用。

  对于办公空间工作人员来说，在办公空间环境中进行运动确实需要克服更多的社会性障碍。该用户表明"我认为站立式的桌子是一个使办公空间工作人员离开椅子的很好的开始，在过去这确实是一个社会性障碍"。这里也表达了办公空间工作人员对"社会关系""办公空间文化""企业文化"这些因素的关注，设计人员对这些社会性因素进行设计，也可以有效地干预办公空间运动行为。

  除了上述着重于对硬件产品和办公环境中的社会因素进行描述的视频之外，许多充满活力的公司介绍视频较全面地涵盖了促进办公空间运动行为的设计要素。例如，视频#16 中对 Facebook 伦敦办公空间的介绍。

  如图 3-4 所示，Facebook 伦敦的办公空间"中心有一个楼梯，连接整个六层的建筑，它代表着这里每个员工的连接，它也是我们办公空间独特的象征"。

图3-4 Facebook伦敦办公空间楼梯设计
（来源：#16视频截图）

其中，表达的设计要素包含"企业文化"与"符号化"，体现了它们对办公空间活力的影响作用，同时也提供了在办公空间的空间布局的设计中，如何促进办公空间工作人员进行身体活动的方案。合理的办公空间的空间布局设计，例如，步行到同事桌子、步行到餐厅、上下楼梯代替电梯等设计，可以有效促进办公空间工作人员在工作时间内的身体活动。

如图 3-5 所示，展示了 Facebook 伦敦办公空间的接待区域，"是一个 VR 空间，VR 区域对员工、家人、朋友全天开放，可体验最新的 VR 体验"。通过游戏化的方式来促进办公空间工作人员的运动，并且鼓励员工的家人、朋友一起参与体验。这其中体现的设计要素包括了"游戏化"和"社会关系"。

图3-5 Facebook伦敦办公空间VR空间设计
（来源：#16视频截图）

如图 3-6 所示，Facebook 还鼓励员工进行艺术创作，并把艺术作品展示在墙上，"在整栋大楼中，可以看到很多不同的背景墙，展示的都是来自于员工的作品"。其中体现了美学对办公空间活力和创造力的促进作用。同时，将员工的作品展示在其办公空间中，会使员工参与感增强，从而对其行为产生积极影响。因此，对于此段内容描述的设计要素可以概括为"美学"和"感知参与"。

如图 3-7 所示，视频中展示了 Facebook 不同的部门，"每个部门有属于自己的风格和 logo 设计"。其中通过设计风格对不同部门、不同空间的职能进行划分，可以体现出"团队"和"符号化"的设计要素。另外，在视频中展示了"在开放的办公空间内，多种材质的家具、不同颜色的组合，以及绿色植物，使整个空间充满活力"。其中体现的

图3-6 Facebook伦敦办公空间的艺术作品展示
（来源：#16视频截图）

图3-7 Facebook伦敦办公空间不同办公空间的设计
（来源：#16视频截图）

设计要素包括"材质""色彩"和"自然元素"。除此之外，视频中还介绍了Facebook伦敦办公空间中游戏室、休息空间、餐饮空间的设计。其中体现的设计要素包括了"游戏化"与"社会关系"，"隐私"与"休息室"，以及办公环境中丰富的"服务"。

以上便是促进办公空间运动行为的设计要素提取的几个例子，用这种分析方法，三位研究人员先分别对24个视频的内容进行了分析。随后，经过讨论与整合共提取并编码了101个语句，这些语句中均表达了一个或多个设计要素。

通过对24个视频中语句的转录、上下文的分析和其中描述的设计要素的分析，本书将视频内容中描述的促进办公空间运动行为的设计理念提取了出来，并概括为设计要素。表3-3展示了全部整合、编号后的语句和其所表达的设计要素，并注明了每个语句在视频中的来源。

促进办公空间运动行为的语句和设计要素　　　　　　　　表3-3

编号	语句	设计要素	语句来源
S1	当用户工作一段时间后，椅子上的藤蔓开始生长，提醒用户	提醒	#1 0:16~0:27
S2	当用户坐姿工作时间过长时，藤蔓长高打断用户目前行为，干预用户久坐行为	干扰	#1 0:34~0:52
S3	通过三个分散的、可移动的家具，来促进会议中的用户采用不同的姿势	模块化	#2 0:06~0:20
S4	通过家具的人机工学设计，用身体上的不舒适，促进用户在会议中的身体活动	人机工学	#2 0:22~0:28
S5	通过智能交互设备网络系统，促进行走的会议	功能	#3 0:10~0:30
S6	通过Work Walk，实现身体活跃，可以简单地融入用户的工作计划	时间	#4 0:45~0:50
S7	通过把Work Walk变成工作环境中可视化的一部分和公司基础设施，获得社会接受和新的管理模式	设施 社会接受	#4 1:31~1:39
S8	我们监测7个不同的指标，分别为CO_2、VOCs、湿度、占有率、光线、温度和噪声	空气质量 温度 湿度 光线 噪声 空间占有率	#5 1:08~1:20
S9	办公空间使用人员可以通过移动APP或电脑桌面查看他们的个人数据	个性化	#5 1:21~1:30
S10	每个工作人员可以在APP中报告他们每天的个人舒适程度	服务	#5 1:31~1:36

续表

编号	语句	设计要素	语句来源
S11	Korbonik设计了一种节能的红外线加热瓷砖，可以满足用户创造个人舒适区域温度的需求	个人领土 个性化	#5 1：48~1：56
S12	我每天至少走楼梯步行到我的办公空间，而且步行到其他建筑物去喝咖啡和吃午餐，我感到更好，因为我进行了运动，并且反思了我的工作	愉悦 感知健康	#6 0：07~0：28
S13	当我在学习的时候，我会切换站姿和坐姿，因为我相信站立会使我更高效、更有能量	感知利益 感知利益平衡	#6 0：33~0：47
S14	我每周游泳两次，因为健康的身体产生健康的头脑，游泳使我大脑放空且身体健康	感知健康 愉悦	#6 0：54~1：06
S15	我非常享受每天骑自行车上班，因为这是一项很好的运动，而且每天只花费我半小时时间	感知利益平衡	#6 1：10~1：19
S16	我大量的跑步，我的生活和工作非常繁忙，通常日程都是满的，跑步是最好的放松和保持活力的转换方式	放松	#6 1：20~1：40
S17	我们使用两种传感器，首先第一种用来监控占用情况；第二种用来监控舒适程度，例如，CO_2、空气质量、温度	空间占有率 空气质量 温度	#7 1：34~1：51
S18	在具体的项目中，我们收集建筑物中的数据，使空间内的用户能够实时查看，并作出决定	服务 空间能力	#7 1：52~2：01
S19	我在哪里可以找到会议室	空间能力	#7 2：03~2：05
S20	室内温度是多少，我该如何调整温度	产品能力	#7 2：05~2：10
S21	对于很多用户来说，互联网产品依然是新事物，Proximus的角色是指导用户，了解他们的需求，共同创造解决方案	产品能力 服务	#7 2：56~3：15
S22	基于对大量触点的数据可视化，Susan给员工选择和控制他们空间的能力	感知能力 空间能力	#8 0：23~0：28
S23	Micheal感觉整个建筑都在他的手中	感知能力 空间能力	#8 0：45~0：54
S24	他可以避免拥挤人群，并且预约合适的空间进行任何活动	人员密度 空间能力	#8 0：55~1：02
S25	如果发生任何故障，他可以通知支持团队。一切可以通过手机或其他智能设备完成	服务	#8 1：06~1：14
S26	Micheal可以定位他的团队成员位置，通过Live Floor计划	团队 社会关系	#8 1：16~1：22
S27	这些传感器自动地捕捉数据，例如空间占用、利用率、舒适度、空气质量，将这些数据展示在多种可触控设备上	空间占有率 空气质量	#9 0：23~0：35
S28	用户可以实时使用Floor Plan信息	空间能力 产品能力	#9 0：36~0：35

续表

编号	语句	设计要素	语句来源
S29	用户通过电动高度调节按钮，将台面调整到适合自己的高度，将自行车调整到适合自己的速度，开始一边运动一边工作	感知能力 个性化 功能	#10 0：08~0：35
S30	用户可以很容易地调节台面、座椅、速度，以及工作中的姿势，以适合不同的用户和不同难度的工作	个性化 功能 人机工学	#10 1：22~1：44
S31	在开始使用Treadmill时，我经历了一些适应过程，很快我觉得站立工作更舒适、更精力充沛，我甚至觉得自己的想法、创造力和效率都变得更好	感知利益 感知利益平衡	#11 0：30~0：49
S32	我把速度调整到低于平时走路的速度，因为我觉得这样或许更容易，我更有掌控力	感知能力	#11 1：10~1：16
S33	我意识到这是一个令人惊叹的成就，我刚刚在Treadmill上走了3公里，燃烧了与步行3公里相同的热量，最重要的是我同时完成了我的工作	感知欣赏 感知利益 感知利益平衡	#11 2：00~2：12
S34	想象一种不同的情况，如果当你走进你高级主管的办公空间时，她正穿着运动鞋在Treadmill上走路，这会打破界限，让高级主管变得更可接近。你也可以说运动使工作环境变得更具创意、更有趣	上级行为 社会关系 办公空间文化	#11 19：55~20：38
S35	我认为站立式的桌子是一个使办公空间工作人员离开椅子的很好的开始，在过去这确实是一个社会性障碍	社会关系 办公空间文化 企业文化	#11 23：36~24：12
S36	作为办公空间唯一一个站着工作的人很难，你需要克服工作场所的社交规范	感知欣赏 办公空间文化 企业文化	#11 24：14~24：32
S37	我们希望提升工作中的愉悦和创造性——通过工作期间的活动	愉悦 感知利益平衡	#11 26：25~26：32
S38	SitTight促进坐姿的平衡和身体的活动	功能 人机工学	#12 0：11~0：20
S39	使用SitTight可以代替瑜伽球	游戏化	#12 0：47~0：50
S40	我们用一个概念模型，来看典型的员工的一天，观察员工每天可能燃烧多少卡路里、他们每天可能会见多少同事，我们发现如果设计两个圆弧的空间，可以增强可视化和合作	功能 空间组织 社会关系	#13 0：44~1：59
S41	你会发现你有一个很好的视角和自然光线，从这个空间的两侧，这很重要	自然景观 光线	#13 2：02~2：33
S42	工作空间的设计是两层开放的空间，通过步行楼梯连接，这样设计的目的是使员工离开他们的桌子，四处活动，可以看到其他同事	空间组织 社交关系 社交鼓励	#13 2：33~3：37

续表

编号	语句	设计要素	语句来源
S43	整栋建筑都有一个很好的视角……办公空间环境鼓励员工走到室外，通过下面的公共空间和顶层的开放空间	自然景观 美学 空气	#13 3:41~4:11
S44	为了让员工更多地走到户外，我们把连接公共空间的通道放在户外	空间组织 自然景观 空气	#13 4:13~4:38
S45	我们设计了一个动态的餐饮空间，来鼓励员工走到这里，度过一些时间、增加一些交流	社交关系 社交鼓励	#13 4:38~4:52
S46	网球场、篮球场、健身房、花园、按摩房、咖啡店、放松区域，等等	休息区 功能 服务	#13 4:57~5:13
S47	三星创新博物馆对公众和员工开放，展示三星的历史和一般科技产品的历史	企业文化	#14 2:29~2:36
S48	每周都会举办活动，包括演唱会、时装秀、脱口秀，以及690个文化社团	感知参与 企业文化 团队文化	#14 2:38~2:50
S49	三星拥有490个运动俱乐部，提供各种运动场地和设施	社会支持 功能 服务	#14 2:50~2:56
S50	三星数字城市提供丰富的免费社会服务，包括健康关怀、子女关怀、免费食物、免费交通工具	服务	#14 4:11~5:27
S51	这栋建筑是为了员工而设计，使员工有活力、开心、并且骄傲在这里工作	感知欣赏	#15 0:32~0:46
S52	建筑的中心设计了非常令人印象深刻、独特造型的空间——一个非常复杂的木质漩涡结构	自然材质 有机造型 美学	#15 13:13~14:13
S53	这一设计不仅是建筑的功能元素，更是反射了Bloomberg价值观——促进开放与连接的雕塑作品	企业文化 符号化	#15 14:13~14:32
S54	建筑内的景观被设计成所有人都可以看到的	空间布局 美学 景观	#15 14:38~17:05
S55	我们设计的空间、设计的家具、布局的选择，都是为了将工作体验设计得更好	空间组织 空间布局 功能	#15 18:25~19:00
S56	当进入这栋建筑时，人们一定会注意到丰富的材料应用，从硬木地板、石头墙面、青铜的斜坡，到定制的花瓣形天花板，这一切都关于活力	自然材料 美学 自然景观 色彩	#15 19:33~19:52

编号	语句	设计要素	语句来源
S57	Bloomberg为了员工的健康，设计了一个会呼吸的建筑，在如此大的空间内实现深度新鲜空气输入、温度控制系统……实现建筑的呼吸，同时节约了资源	空气 温度 智能控制	#15 22：22~24：00
S58	Bloomberg相信艺术和文化丰富和增强了员工的生活	艺术 美学 企业文化	#15 26：40~28：31
S59	我们相信艺术能够启发人心，同时带给传统空间创造性思维，鼓励有趣的沟通形式，与其他同事的关联	美学 色彩 符号化	#15 28：25~29：12
S60	中心有一个楼梯，连接整个六层的建筑，它代表着这里每个员工的连接，它也是我们办公空间独特的象征	空间布局 企业文化 符号化	#16 0：45~1：06
S61	办公空间接待区域是一个VR空间，VR区域对员工、家人、朋友全天开放，可体验最新的VR体验	游戏化 社会关系	#16 1：12~1：30
S62	在整栋大楼中，可以看到很多不同的背景墙	美学 感知参与	#16 1：40~2：19
S63	在视频中，可以看到Facebook每个楼层都属于不同的部门，且有属于自己的风格和logo	符号化 团队	#16 2：48~3：42
S64	在视频中，可以看到在开放的办公空间内，多种材质的家具，不同颜色的组合，以及绿色植物，使整个空间充满活力	材质 色彩 自然元素	#16 2：48~3：42
S65	游戏室中有桌球、桌上足球等设施，这是一个可以和同事一起玩的地方	游戏化 社会关系 社会支持	#16 3：45~3：58
S66	我们发现了一些极具未来感的睡眠舱	隐私 休息室	#16 4：21~4：46
S67	在山景观旁边，我们看到了Google	自然景观	#17 0：26~0：30
S68	Google的建筑中使用了大量的玻璃墙，增进了自然光线	自然光线 美感	#17 1：34~1：40
S69	所有的办公空间被安排3~4个员工	人口密度 隐私	#17 1：40~1：51
S70	内部工作区的装饰，使用了丰富的Google和Android相关的事物	美学 企业文化 符号化	#17 1：52~1：59
S71	员工像朋友一样被对待，可以获得大量的健身设施	产品能力 空间能力 功能	#17 1：59~2：33

续表

编号	语句	设计要素	语句来源
S72	Google提供了室外网球场、足球场、飞盘游戏场地等	户外空间 团队游戏	#17 2:36~2:46
S73	Google还提供了健康护理、按摩、理发、洗衣和交通——使用"Google色"的自行车	服务 符号化 社会支持	#17 2:47~3:17
S74	Google为员工提供全天的免费餐饮,提供健康、有机的食物	健康饮食 服务	#17 4:08~4:35
S75	每个办公空间周围,都有步行可至的完整零食间	服务	#17 4:38~4:52
S76	在视频中,办公用具使用了低饱和度的蓝色和绿色,并提供了不同的家具、不同颜色的空间	色彩 美学 人机工学 空间布局	#18 0:09~0:17
S77	在该空间内,每个工作台都有足够大的区域,保证与同事间的物理距离,并且每个人的工作区有显著区分	隐私 个人领土 个性化	#18 0:31~0:33
S78	现代工作中,员工不一定要坐在一个桌子前,我们的设计解决方案是,在紧凑的路线中,设计更多的空间可能性	空间能力 空间布局	#18 1:52~2:19
S79	如果员工在一天的工作中改变姿势(通过可移动的座椅和可调节的桌子),这会对他们的健康大有益处	产品能力 功能	#18 2:20~2:26
S80	我们设计一些空间,使工作人员有家的感觉	美学 感官	#18 2:45~3:11
S81	我们的一个会议室中使用了桌下步行器,员工可以一边走路,一边进行电话会议	功能	#18 3:12~3:43
S82	我们重新设计了步行楼梯,连接两层楼之间,员工可以不用使用电梯	空间组织 社会支持	#18 3:44~3:50
S83	我们设计的工作区域,最大限度使用了自然光线	光线	#18 3:51~4:04
S84	Apple Park由多栋大楼组成,然而80%的土地是绿色植物空间	自然景观 绿植	#19 1:27~1:45
S85	为了鼓励员工坚持健康的生活方式,这片土地上规划了3.2千米的步行、跑步多种的路线,还提供了上千辆自行车,用于穿梭在几栋建筑之间	功能 产品能力 空间组织	#19 1:45~1:55
S86	其他健康生活方式的设施包括:健身房、健康中心、篮球场、瑜伽馆	功能	#19 1:56~2:06
S87	中心建筑物有四层高,有126万平方米的办公空间和足够的房间,可容纳多达12000名员工	人口密度 隐私	#19 2:42~2:52

续表

编号	语句	设计要素	语句来源
S88	为了将外部世界引入办公空间，建筑在设计中引入了很多玻璃元素，包括世界上最大的曲面玻璃	自然景观 自然光线	#19 2∶53~3∶09
S89	低能耗能的LED灯、自然光线和大量的绝对透明的材质，使整栋建筑十分明亮，这会使员工在工作的一天中感到活力充足	自然景观 自然光线	#19 3∶09~3∶22
S90	Apple Park的另一个特征是，它包含7个活动空间，给上千员工提供了足够的空间	功能 服务	#19 3∶59~4∶16
S91	在Apple Park内部有鼓舞人心的Apple礼堂，原本被人熟知的乔布斯剧场	企业文化	#19 4∶18~4∶40
S92	TU/e活力周，对所有的学生和员工开放	感知参与	#20 0∶07~0∶10
S93	学生会面临很大的学习、讲座等压力，正念训练可以帮我们放空大脑、释放压力、解决焦虑	压力释放 放松空间	#20 0∶13~2∶18
S94	免费的按摩非常棒，按摩使我的背感到轻松	放松 服务	#20 2∶29~3∶10
S95	视频中，楼梯上贴着"比慢跑燃烧更多卡路里""你的心脏感谢走楼梯"，来鼓励人们走楼梯代替电梯	感知利益 感知利益平衡	#20 3∶17~3∶39
S96	Art of Vitality，展示与活力相关的艺术作品，人们模仿艺术作品中的动作	游戏化	#20 3∶40~4∶02
S97	视频中展示了TU/e校园中的一些促进活动的设施，包括：户外桌上网球、休息室中的桌上足球、可调节高度的办公台、篮球场地、移动餐车和户外就餐空间、户外社交空间	校园文化 自然环境 功能 社会支持	#21 0∶00~1∶13
S98	视频中展示了TU/e活力周中的活动，包括：动感单车、团队成员Workshop讨论、鼓励走楼梯、教练指导集体身体活动、团队互动的身体活动、健康检查、教练引导	校园文化 感知参与 团队游戏 社会支持	#22 0∶00~1∶15
S99	视频展示了TU/e建筑内部的环境，图书馆是一个开放的空间，各层之间由楼梯连接，中心为螺旋结构。建筑内使用多种材料和颜色的结合，玻璃幕墙和通道保证了整个建筑的光线和开阔视野	功能 色彩 空间组织 光线	#23 0∶08~0∶15
S100	Philips采用敏捷的工作模式，你看到的是一个日常的站立会议	企业文化 社会支持	#24 0∶41~0∶47
S101	在H2C有全部员工所需的设施，例如保险、银行、健康服务、理发、全天开放的健身房	功能 服务	#24 1∶02~1∶15

在编码的 101 个语句中，每个语句表达了不止一个设计要素，并且这些设计要素的内容和意义存在一定的重叠，需要进行进一步的分析和概括。

3.4 办公空间运动行为的设计要素定义

在对视频语句和内容进行转录并提取出其中用于促进办公空间运动行为的设计要素后，对这些设计要素进行了进一步分析。研究人员相互交换并讨论得到的设计要素，去除重复、冗余、意义模糊的设计要素，最终得到了 30 个可以促进办公空间运动行为的设计要素，具体分析如下：

感知能力，是指用户感知到在办公环境中有能力进行运动行为。例如，S23 描述"Micheal 感觉整个建筑都在他的手中"。用户感知到自己有能力从事某一行为，或感知到从事某一行为不是非常困难，将会促进目标行为的产生，"我把速度调整到低于平时走路的速度，因为我觉得这样或许更容易，我更有掌控力"（S32）。"基于对大量触点的数据可视化，Susan 给员工选择和控制他们空间的能力"（S22），对感知能力的设计一般通过硬件产品的智能监测和软件产品的用户控制相结合实现。

愉悦，是指在办公环境中使用户感到愉悦、轻松，或释放压力相关的设计。例如，S12 指出："我每天至少走楼梯步行到我的办公空间，而且步行到其他建筑物去喝咖啡和吃午餐，我感到更好，因为我进行了运动，并且反思了我的工作"。在办公环境中针对愉悦进行设计不仅能够增加运动行为，还可以提升工作效率和整体工作活力。例如，"我们希望提升工作中的愉悦和创造性，通过工作期间的活动"（S37）。

游戏化，是指在办公空间中融入游戏化相关的设计以促进运动行为。例如，对办公空间中的设施进行游戏化设计，"使用 SitTight 可以代替瑜伽球"（S39）；或者在办公环境中融入促进身体活动的游戏设备，例如，"办公空间接待区域是一个 VR 空间，可体验最新的 VR 体验游戏"（S61），"Art of Vitality 中展示与活力相关的艺术作品，人们模仿艺术作品中的动作"（S96）。游戏化的设计常常与办公空间中的团队相结合进行设计。

产品能力，是指用户感知到自己具备对工作环境中产品的使用能力。当用户对自己使用产品的能力产生怀疑时，例如，"室内温度是多少，我该如何调整温度"（S20），"对于很多用户来说，互联网产品依然是新事物"（S21），用户使用该产品或进行某行为的可能性会降低。反之，当用户获得产品能力时，"员工可以获得大量的健身设施"（S71），其运动行为意图会增加。

空间能力，是指用户感知到自己具备对工作环境中空间的使用能力。类似于产品能力，用户也会对办公环境中的空间使用能力产生疑惑，不知道那些空间可以使用，不知道所需空间的位置（S18、S19）等。针对空间能力进行设计，在促进办公空间运动行为设计中尤为重要，例如，"他可以避免拥挤人群，并且预约合适的空间进行任何活动"（S24）。

感知利益，是指用户感知到在办公空间环境中进行运动可能获得的利益。例如，S13表示"当我在学习的时候，我会切换站姿和坐姿，因为我相信站立会使我更高效、更有能量"，或办公空间工作人员认为办公空间环境中进行运动会给他们带来健康（S12、S14），这里健康也是一种利益。S95显示"比慢跑燃烧更多卡路里，你的心脏感谢走楼梯"，以提醒用户可能获得的利益，来鼓励人们走楼梯代替电梯。

在"感知利益"的基础上，还涉及感知利益平衡，即用户感知到在办公空间环境中进行运动的成本和可获得的利益是平衡的。例如，S15表明"我非常享受每天骑自行车上班，因为这是一项很好的运动，而且每天只花费我半小时时间"，用户感知到其获得的利益和其付出的时间成本是平衡的。感知利益平衡的设计在办公空间运动的语境中尤为重要，因为在办公空间环境中，用户的首要行为目标是完成工作任务，如果运动行为与工作任务相关的因素产生冲突，即用户感知不到利益平衡，则会放弃运动行为。例如，S31提到"在开始使用Treadmill时，我经历了一些适应，很快我觉得站立工作更舒适、更精力充沛，我甚至觉得自己的想法、创造力和效率都变得更好"。只有当感觉到运动行为所付出的成本（时间、经历等），能够与运动带来的利益（更高的工作效率、更有创造力的想法）平衡时，运动行为才能持续发生。

感知欣赏，是指用户感知到在办公空间环境中进行运动带来的欣赏和肯定（外界对自我）。例如，S33表明"我意识到这是一个令人惊叹的成就，我刚刚在Treadmill上走了3千米，燃烧了与步行3千米相同的热量，最重要的是我同时完成了我的工作"。与之对应的感知参与，是指用户感知到在办公空间环境中进行运动带来的影响和参与感（自我对外界）。例如，"TU/e活力周，对所有的学生和员工开放"（S92），清晰地使用户感知参与，会促进其在办公空间环境中的运动行为。

文化，是指办公空间环境中与企业文化、办公空间文化及氛围的相关设计。办公空间中的文化传统和氛围会对办公空间运动行为产生较大的影响，例如，S35提出"我认为站立式的桌子是一个使办公空间工作人员离开椅子的很好的开始，在过去这确实是一个社会障碍"，"作为办公空间唯一一个站着工作的人很难，你需要克服工作场所的社交规范"（S36）。如果一个公司的企业文化或办公空间环境中的文化，那么其中的工作人员要进行运动行为，则面临更大的障碍。反之，如"Philips采用敏捷的工作模式，你看到的是一个日常的站立会议"（S100），"Bloomberg相信艺术和文化丰富和增强了员工的生活"（S58）等充满活力，提倡运动的办公空间文化，则会促进其中的工作人员的运动行为。

符号化，是指办公环境中的符号语言及隐喻的设计。许多办公环境中用符号化的设计传达了该企业的价值观，例如"这一设计不仅是建筑的功能元素，更是反射了Bloomberg价值观——促进开放与连接的雕塑作品"（S53）。或强调了该企业的形象，例如"内部工作区的装饰，使用了丰富的Google和Android相关的事物"（S70）。S60表示"办公空间中心的楼梯代表着这里每个员工的连接，它也是我们办公空间独特的象征"，现代办公环境中用符号化的设计，传达一种开放、活力的价值观，将有利于办公空间中的运动行为。S62指出，可以在办公环境中使用不同的符号语言和隐喻的设计，来对办公环境中的功能分区进行划分。

团队，是指办公环境中关于团队协作、活动、互动相关的设计。例如，"Micheal可以定位他的团队成员位置，通过Live Floor计划"（S26），"Facebook每个楼层都属于不同的部门，且有属于自己的风格和Logo"（S63）。办公环境中对团队活动、互动的设计可以有效地促进团队成员的运动行为，并且有助于运动行为的持续。例如，S98强调"TU/e活力周中的活动，包括团队成员Workshop讨论、教练指导集体身体活动、团队互动的身体活动"，都是促进办公空间工作人员运动行为的有效方式。

隐私，是指办公环境中关于用户隐私相关的设计。隐私相关的设计很大程度上影响到用户的运动行为，许多调查表明办公空间工作人员认为身体活动是私人行为。为了满足办公空间工作人员的隐私需求，"在该空间内，每个工作台都有足够大的区域，保证与同事间的物理距离，并且每个人的工作区有显著区分"（S77），设计将考虑多种物理分隔的方式。在实现用户基本隐私需求的基础上，用户的个人领土是更高层次的需求。领土，是指办公环境中与用户行使特定空间或区域的权利，以及个性化相关的设计。S30表示"用户可以很容易地调节台面、座椅、速度，以及工作中的姿势"，这样可以满足不同的用户，或同一用户在个人领土中的多样需求。例如，"办公空间使用人员可以通过移动APP或电脑桌面查看他们的个人数据"（S9）、"Korbonik设计了一种节能的红外线加热瓷砖，可以满足用户创造个人舒适区域温度的需求"（S11）。当领土需求被满足时，用户的空间能力也会相应增加，有助于增加办公环境中的运动行为。

密度，是指办公环境中与人员密度相关的设计。在办公空间的设计中，人员密度的设计必须符合标准，例如，"所有的办公空间被安排3~4个员工"（S69），"中心建筑物有四层高，有126万平方米的办公空间和足够的房间，可容纳多达12000名员工"

（S87）。人员密度高的空间和拥挤的办公空间环境，会限制办公空间运动行为。

提示，是指办公环境中与提示用户行为相关的设计。适当的提示设计，可以中断用户目前的行为，例如 S2 表示"当用户坐姿工作时间过长时，藤蔓长高打断用户目前行为，以此干预用户久坐行为"，提示用户进行身体活动。

社会关系，是指办公环境中与人员社会关系相关的设计。现代办公环境的设计中，打破了早期封闭的设计理念，强调开放与促进沟通的工作场所社会关系。例如，S42 表明"工作空间的设计是两层开放的空间，通过步行楼梯连接，这样设计的目的是使员工离开他们的桌子，四处活动，可以看到其他同事"，S45 也提出"我们设计了一个动态的餐饮空间，来鼓励员工走到这里来，度过一些时间、增加一些交流"。这种促进开放社会关系的设计，可以促进办公空间工作人员之间的交流合作、增强工作场所中的活力，促进办公空间工作人员的身体活动。在此基础上，社会支持也可作为社会关系的一种强化。社会支持，是指办公环境中与人员之间的支持相关的设计。例如，S65 描述了"游戏室中有桌球、桌上足球等设施，这是一个可以和同事一起玩的地方"，S82 表明"我们重新设计了步行楼梯，连接两层楼之间，员工可以一起走楼梯"，通过办公空间中成员之间的互相支持，促进一些身体活动和运动。

上级行为，是指办公环境中与上级、榜样相关的设计。S34 以一个具体的例子说明了对上级行为的设计，会多大程度地促进整个办公空间中的运动行为，"想象一种不同的情况，当你走进你的高级主管的办公空间时，她正穿着运动鞋在 Treadmill 上走路，这会打破界限，让高级主管变得更可接近。你也可以说运动使工作环境变得更具创意、更有趣"。

功能，是指办公环境中的功能设计。例如，S3 通过"三块分散的、可移动的家具，来促进会议中的用户采用不同的姿势"，S29 "用户通过电动高度调节按钮，将台面调整到适合自己的高度，将自行车调整到适合自己的速度，开始一边运动一边工作"。增加办公空间中设施与运动相关的功能，有助于用户进行运动行为，例如，S7 表明"通过把 Work Walk 变成工作环境中可视化的一部分和公司基础设施，获得社会接受和新的管理模式"，S81 中"我们的一个会议室中使用了桌下步行器，员工可以一边走路，一边进行电话会议"，S85 "为了鼓励员工坚持健康的生活方式，这片土地上规划了 3.2 千米的步行、跑步多种的路线，还提供了上千辆自行车，用于穿梭在几栋建筑之间"。S55 表明"我们设计的空间、设计的家具、布局的选择，都是为了将工作体验设计得更好"，S79 也认为"如果员工在一天的工作中改变姿势（通过可移动的座椅和可调节的桌子），这会对他们的健康大有益处",可见办公环境中的功能设计,是促进办公空间运动行为最直接的设计因素。

空间组织,是指办公环境空间布局、空间形状、空间的独立与连接、使用路径的设计。例如,S40"用一个概念模型,来看典型的员工的一天,观察员工每天可能燃烧多少卡路里、他们每天可能会见多少同事,我们发现如果设计两个圆弧的空间,可以增强可视化和合作",符合用户行为需求的空间组织设计,可以有效地促进办公空间工作人员的身体活动。S42表明"工作空间的设计是两层开放的空间,通过步行楼梯连接,这样设计的目的是使员工离开他们的桌子,四处活动",类似的S44"为了让员工更多地走到户外,我们把连接公共空间的通道放在户外"。

休息室,是指办公环境中独立的用于休息、放松、恢复的空间设计。休息室的设计对于办公空间工作人员的整体健康,包括身体活动和运动都有着重要的作用。

美学,是指办公空间环境中与美学相关的设计。例如,S59表明"我们相信艺术能够启发人心,同时带给传统空间创造性思维,鼓励有趣的沟通形式,与其他同事的关联"。

色彩,是指办公空间环境中的色彩设计。色彩的设计可以对办公空间的活力氛围产生影响,例如S64表明"可以看到在开放的办公空间内,多种材质的家具、不同颜色的组合,以及绿色植物,使整个空间充满活力"。不同色彩在办公空间环境中的运用,也可以给用户带来不同的感觉,以影响其行为。例如,S76显示"办公用具使用了低饱和度的蓝色和绿色,并提供了不同的家具、不同颜色的空间"。

自然元素,是指办公空间环境中的植物和自然元素的设计。自然元素的设计可以有效地促进办公空间工作人员的运动行为。例如,S43的设计中"鼓励员工走到室外,通过下面的公共空间和顶层的开放空间",S44"为了让员工更多地走到户外,我们把连接公共空间的通道放在户外"。自然元素的设计会给用户带来充满活力的感受,"当进入这栋建筑时,人们一定会注意到丰富的材料应用,从硬木地板、石头墙面、青铜的斜坡,到定制的花瓣形天花板,这一切都关于活力"(S56)。因此,建立办公空间环境与自然之间的连接对办公空间运动和活力尤为重要。例如,"为了将外部世界引入办公空间,建筑在设计中引入了很多玻璃元素,包括世界上最大的曲面玻璃"(S88),或Google将办公空间地点选取在自然环境附近(S67)在山景观旁边,"Apple Park由多栋大楼组成,然而80%的土地是绿色植物空间"(S84)。

人机工学,是指办公空间环境中的尺度和人机工学的设计。一般来说,办公空间环境中的人机工学设计应该更好地满足用户的需求，例如，S30 表明 "用户可以很容易地调节台面、座椅、速度，以及工作中的姿势，以适合不同的用户和不同难度的工作"。在促进办公空间运动行为时，也可能采取相反的设计，例如，S4 认为 "通过家具的人机工学设计，用身体上的不舒适，促进用户在会议中的身体活动"。

感官，是指办公空间环境中声音、气味等感官的设计。感官同美学一样，通过抽象和潜移默化的方式来干预办公空间人员的运动行为。例如，S80 提出 "我们设计一些空间，使工作人员有家的感觉"。

空气和气候，是指办公空间环境中空气和气候的设计。空气和气候与办公空间工作人员的健康行为密切相关，例如，S57 表明 "Bloomberg 为了员工的健康，设计了一个会呼吸的建筑，在如此大的空间内实现深度新鲜空气输入、温度控制系统"。针对办公空间环境中空气和气候的设计会对相关的指标进行监测，"我们监测七个不同的指标，分别为 CO_2、VOCs、湿度、占有率、光线、温度和噪声"（S8），"我们使用两种传感器，首先第一种用来监控占用情况；第二种用来监控舒适程度，例如，CO_2、空气质量、温度"（S17）。对于捕捉到的数据情况进行可视化的设计和移动终端的智能控制，例如 S27 "这些传感器自动地捕捉数据，例如空间占用、利用率、舒适度、空气质量，将这些数据展示在多种可触控设备上"。

光，是指办公空间环境中自然光线和人工照明的设计。办公空间环境设计中，引入自然光线对办公空间工作人员的健康尤为重要，例如，S41 表明 "你会发现你有一个很好的视角和自然光线，从这个空间的两侧，这很重要"，"我们设计的工作区域，最大限度使用了自然光线"（S83）。自然光线可以使办公空间工作人员充满活力，例如，S89 提出 "低能耗能的 LED 灯、自然光线和大量的绝对透明的材质，使整栋建筑十分明亮，这会使员工在工作的一天中感到活力充足"。增强自然光线的设计有很多种，例如 "Google 的建筑中使用了大量的玻璃墙"（S68）。

服务，是指办公空间环境中与服务和员工福祉相关的设计。首先，工作场所中的服务有多种形式，例如，S10 表明每个工作人员可以在 APP 中报告他们每天的个人舒适程度，以便于有针对性地进行服务。其次，工作场所中的服务包含很多方面，例如，"三星数字城市提供丰富的免费社会服务，包括健康关怀、子女关怀、免费食物、免费交通工具"（S50），"Google 还提供了健康护理、按摩、理发、洗衣和交通——使用 Google 色的自行车"（S73），"Google 为员工提供全天的免费餐饮，提供健康、有机的食物"（S74），"在 H2C 有全部员工所需的设施，例如保险、银行、健康服务、理发、全天开放的健身房"（S101）。

经过分析得到 30 项办公空间运动行为的设计要素后，通过在线词典[316, 317]并结合办公空间语境，再次检查了这些设计要素的意义。基于办公空间语境中对这些要素的解读，如表 3-4 定义了 30 个设计要素的名称，并解释了它们的意义。

办公空间运动行为的设计要素及意义 表3-4

序号	名称	意义
1	感知能力	用户感知到在办公环境中有能力进行运动行为
2	愉悦	在办公环境中使用户感到愉悦、轻松，或释放压力相关的设计
3	游戏化	在办公空间中融入游戏化相关的设计以促进运动行为
4	产品能力	用户感知到自己具备对工作环境中产品的使用能力
5	空间能力	用户感知到自己具备对工作环境中空间的使用能力
6	感知利益	用户感知到在办公空间环境中进行运动可能获得的利益
7	感知利益平衡	用户感知到在办公空间环境中进行运动的成本，和可获得的利益是平衡的
8	感知欣赏	用户感知到在办公空间环境中进行运动带来的欣赏和肯定（外界对自我）
9	感知参与	用户感知到在办公空间环境中进行运动带来的影响和参与感（自我对外界）
10	文化	办公空间环境中与企业文化、办公空间文化及氛围的相关设计
11	符号化	办公环境中的符号语言及隐喻的设计
12	团队	办公环境中关于团队协作、活动、互动相关的设计
13	隐私	办公环境中关于用户隐私相关的设计
14	领土	办公环境中与用户行使特定空间或区域的权利，以及个性化相关的设计
15	密度	办公环境中与人员密度相关的设计
16	提示	办公环境中与提示用户行为相关的设计
17	社会关系	办公环境中与人员社会关系相关的设计
18	社会支持	办公环境中与人员之间的支持相关的设计
19	上级行为	办公环境中与上级、榜样相关的设计
20	功能	办公环境中的功能设计
21	空间组织	办公环境空间布局、空间形状、空间的独立与连接、使用路径的设计
22	休息室	办公环境中独立的用于休息、放松、恢复的空间设计
23	美学	办公空间环境中与美学相关的设计
24	色彩	办公空间环境中的色彩设计
25	自然元素	办公空间环境中的植物和自然元素的设计
26	人机工学	办公空间环境中的尺度和人机工学的设计

续表

序号	名称	意义
27	感官	办公空间环境中声音、气味等感官的设计
28	空气和气候	办公空间环境中空气和气候的设计
29	光	办公空间环境中自然光线和人工照明的设计
30	服务	办公空间环境中与服务和员工福祉相关的设计

3.5 小结

本章对办公空间运动行为的设计要素展开了研究，从广泛地促进办公空间运动行为的设计中，全面、系统地总结出了 30 个办公空间运动行为的设计要素，研究结果明确了办公空间运动行为的设计干预方法。

首先，采用视频分析的方法，广泛地收集了关于促进办公空间运动和活力的视频，并对这些视频进行了筛选，深入分析了 24 个准确描绘了促进办公空间运动行为设计或方法的视频。其次，通过对这些视频内容的转录和分析，整合了 101 个促进办公空间运动行为设计的语句，提炼了语句中表达的设计要素。最后，采用内容分析的方法，对这些设计要素进行了分析，去除重复、冗余、意义模糊的设计要素，最终得到了 30 个办公空间运动行为的设计要素，回答了本章开头提出的研究问题。

本章的研究结果是对办公空间运动行为的设计干预方法的系统性整合。要使用设计方法干预办公空间运动行为，可以对上述 30 个设计要素进行设计来实现。在进行设计干预时，每个设计要素可以独立使用，也可以进行组合的使用。在讨论设计干预办公空间运动行为的具体应用时，就会涉及 30 个设计要素的进一步类别划分和优先级排序的问题。因本章研究的重点为将视频内容中描述的促进办公空间运动行为抽象的设计理念，提取出来并总结为设计要素，所以本书将在下一章对 30 个办公空间运动行为的设计要素的类别划分、优先级排序、具体应用方法等进行进一步的研究和讨论。

第 4 章

系统分析：办公空间活力促进设计策略

基于第 2 章、第 3 章的研究，已经明确了干预机制与设计干预方法。要干预办公空间运动行为，需要对内部动机、外部动机、社交环境和工作环境 4 个影响因子进行干预与操控，30 个设计要素可以作为影响办公空间运动行为的干预方法。接下来需研究哪些设计要素可以对哪个影响因子产生干预作用。本章针对干预策略进行研究，即科学地建立干预机制与设计干预方法之间的对应关系，构建有效的办公空间运动行为劝导式设计干预策略。

本章的研究将介绍：实验的设计与问卷的使用、实验过程与数据收集过程、数据处理与数据分析过程、策略的分析与框架构建、策略的具体应用分析。在实验阶段，主要采用隐喻抽取法来测试设计要素带给被试的感受，评估了设计要素的劝导作用、划分了类别，并且建立了 30 个设计要素与 4 个影响因子之间的对应关系，提出了具体应用方案与干预优先级。由此搭建了办公空间运动行为的劝导式设计干预策略框架、提出了具体的办公空间运动行为的劝导式设计干预方案、构建了办公空间运动行为的劝导式设计干预策略系统，这三部分分别从宏观、微观和应用层面上构成了办公空间运动行为的劝导式设计干预策略。

为了研究"办公空间运动行为的劝导式设计干预策略"，本章在已知干预机制和设计干预方法的基础上探索了以下两个研究问题。

➢ 研究问题一：办公空间运动行为的设计要素是否有劝导作用？

在上一章研究中得到了 30 个办公空间运动行为的设计要素，要把它们作为间接干预方法，就需要评估它们对 4 个办公空间运动行为影响因子是否能产生相应的影响。因此，本章将先对这些设计要素的劝导作用进行评估。

由于第 2 章研究中得到的 4 个办公空间运动行为的影响因子，是基于对大量办公空间工作人员的调查，并通过模型的验证、受到了数据的支持和证实。因此，这部分研究使用第 2 章开发的 OEBD 量表，来对 30 个设计要素的有效性进行评估。该量表的 4 个维度，对应劝导模型中 4 个影响因子，故该实验还可以探索这些设计要素与影响因子之间的对应关系。

➢ 研究问题二：办公空间运动行为的设计要素与 4 个影响因子的对应关系是怎样的？

在评估了设计要素的劝导作用后，需要研究 30 个设计要素与 4 个影响因子对应关系，将设计干预方法与干预机制结合起来，以此搭建办公空间运动行为的劝导式设计策略。

例如，在评估设计要素"符号化"的劝导作用时，实验中让被试观看表达"办公空间环境中的符号化设计"的视频，并填写OEBD量表。如果被试在量表的"社交环境"维度的问题上打分较高，则可以证明刺激设计要素"符号化"，可以有效地使用户感受到"社交环境"的变化。在证明设计要素"符号化"的劝导作用的同时，也证明设计要素"符号化"与因子"社交环境"具有显著相关性。因此，若想通过干预"社交环境"这一因子来促进办公空间运动行为，则可以针对设计要素"符号化"进行相应的设计。

4.1 研究方法设计

4.1.1 隐喻抽取法

本节的研究主要采用了隐喻抽取法（ZMET）。隐喻抽取法是质性研究方法中的一种，通常采用图片或视频等能够刺激被试感官的素材，用于深入研究被试对某场景内心的想法、隐喻和感受。

隐喻抽取法非常适合本书的研究目标。由于实验条件受限，办公空间场景的模拟十分困难。而采用视频作为素材则很好地解决了这一问题，视频内容既可以全面地展示整个办公空间环境中的场景和要素，又可以直观、生动的给用户创造临场感，使用户很好的感知到办公空间场景。

4.1.2 参与者选取

本研究招募了10名办公空间工作人员为研究对象，共有10名中国的办公空间工作人员参与了本次实验。其中来自学术机构的办公空间工作人员5名，来自企业的办公空间工作人员5名。要求所有参与实验的办公空间工作人员都具备较好的英文水平，因为实验中观看视频中包含英文字幕和英文旁白。

在参加测试的10名办公空间工作人员中，男性5人、女性5人。年龄在25~29岁之间的有4人，30~34岁之间的4人，35~39岁的2人。被调查的办公空间人群受教育年龄均在18年以上，且具备较好的英文水平。

本研究让10名办公空间工作人员在相似的物理条件下，即其熟悉的办公空间环境中，观看表达不同设计要素的视频资料。视频资料共 8 组，每看完一组视频，则完成一份问卷。所有被测试的办公空间人员观看的视频资料都是一致的，不存在操控。全部实验参与者都是自愿参与实验，并完成了知情同意书。完成实验后，参与测试的办公空间工作人员会得到相应的现金奖励。随后，本书对回收的 80 份有效问卷进行了分析。

4.1.3 实验材料开发

为了向被试传达设计要素，并对被试的感受进行评估，本书的研究中使用了两种测量材料。一是，表达设计要素的视频资料；二是，观看完视频资料后，用于测量被试感受的问卷材料。

（1）视频资料

为了开发表达设计要素的视频资料，首先研究了 30 个设计要素的类别。由研究人员进行讨论，对 30 个办公空间运动行为设计要素的类别进行划分，减少设计要素的维度后，可以在一段视频资料中表达多个相关联的设计要素，降低了实验难度。

通过三名研究人员分别观察提取的设计要素和这些设计要素的定义，对这 30 个设计要素之间存在的相似性和语义关系进行分析。又经过研究人员之间的讨论、修改，并基于既往研究的理论支撑，最终研究人员达成共识，将本书提取出的 30 个设计要素之间建立了联系，把具有相似意义的设计要素集合起来。

其中 30 个设计要素，共划分为八个类别，根据每个类别中的设计要素，这八个类别分别被命名为：内部需求、外部需求、社会文化、社会空间环境、社会关系、物质环境、室内环境和服务。每个类别和其对应的设计要素如表 4-1 所示。

设计要素类别划分表　　　　　　　　　　　　　　　　表4-1

视频资料编号	类别	设计要素
V1	内部需求	感知能力
		愉悦
		游戏化
		产品能力
		空间能力

续表

视频资料编号	类别	设计要素
V2	外部需求	感知利益
		感知利益平衡
		感知欣赏
		感知参与
V3	社会文化	文化
		符号化
		团队
V4	社会空间环境	隐私
		领土
		密度
		提示
V5	社会关系	社会关系
		社会支持
		上级行为
V6	物质环境	功能
		空间组织
		休息室
		美学
		色彩
		自然元素
		人机工学
V7	室内环境	感官
		空气和气候
		光
V8	服务	服务

办公空间运动行为的设计要素初步被划分为 8 个类别。分别为：内部需求、外部需求、社会文化、社会空间环境（隐私权管制、拥挤、地域性）、社会关系、物质环境（家具，空间组织和布局）、室内环境（空气质量、声学、气候、光线以及对这些因素的影响或行使控制的可能性）、服务（在办公空间的空间环境中提供的支持服务）。

研究人员在讨论中认为，对这 30 个设计要素进行初步降维时，可以适当保留较多的维度，例如物质环境、室内环境与服务，这三个维度依然存在进一步整合的空间。适当保留一些可能存在重叠的维度，在使用 OEBD 量表进行实验时，再观察这些可能存在重叠的维度是否能进一步降维。

在初步减少维度后，根据 8 个类别的设计要素，剪辑了 8 组视频，并对其进行了编号。其中，视频来源于第 4 章研究中视频分析时使用的视频资料，这样能够保证所选取的视频能很好地表达设计要素。如表 4-1 所示，视频类别被编号为 V1~V8，每组视频表达了多个相关联的设计要素。

（2）问卷材料

对于被试观看视频后填写的问卷材料，使用本文第 2 章中开发的 OEBD 量表（附录 C），对办公空间运动行为的设计要素进行评估。OEBD 量表由 31 个测量条目组成，这些测量条目可被划分到"内部动机""外部动机""社交环境"和"工作环境"4 个维度下。因为视频资料中的旁白和字幕均为英文，且本实验被试均具备较高的英文水平，所以研究中采用英文版的 OEBD 量表。

除 OEBD 量表外，被试还需填写一份简短的用于收集个人信息的问卷和知情同意书。这部分研究采用的全部测量材料见附录 D。

4.1.4 实验过程设计

本研究进行了一项基于隐喻抽取的视频观察[318] 实验，该实验主要由观看视频和填写问卷两部分任务构成。

开始，在主持人介绍实验背景和实验流程后，所有的被测试人员首先需要签署知情同意书，并完成一份简短的、用于收集个人信息的问卷。随后，被测试人员需要观看一段视频，并根据视频内容在 OEBD 量表上进行打分。完成一组后，被测试人员可以选择休息两分钟，准备好后开始观看第二段视频，并根据第二段视频内容在 OEBD 量表上再次进行打分。依此流程，被测试人员需要观看八段视频内容并进行八次打分。视频 V1~V8 分别表达了：内部需求、外部需求、社会文化、社会空间环境、社会关系、物质环境、室内环境和服务中的设计要素。最后，按要求完成八组实验后，被试者会得到奖励。

本实验的环境如图 4-1 所示。考虑到实验需在不同的办公空间环境中进行，其中的环境和设备可能会对实验产生影响，所以研究中对实验设备、实验的办公空间环境都进行了严格控制，使这些变量都尽量保持相同。研究中所采用的实验设备，均为 13 寸笔

图4-1　本实验环境

记本电脑，所使用的纸质问卷和测量材料，全部由本书作者提供。

实验总时长大约 1 小时。在不同的办公空间环境中，本书尽量选取安静的独立办公空间或小型会议室，保证被测试人员不被外界环境干扰。所有实验均在作者陪同下完成。

4.2　劝导式设计干预框架

4.2.1　设计要素与影响因子对应关系分析

通过对回收的 80 份问卷的数据进行分析，来对 30 个办公空间运动行为的设计要素进行评估，并探索设计要素与 4 个影响因子的对应关系。

研究共发放了 80 份问卷，回收了有效问卷 80 份。因所有测试均在作者陪同下进行，保障了问卷有效率。

在参加测试的 10 名办公空间工作人员中，男性 5 人、女性 5 人。年龄在 25~29 岁之间的有 4 人，30~34 岁之间的 4 人，35~39 岁的 2 人。被调查的办公空间工作人员受教育年龄均在 18 年以上，且被调查的办公空间工作人员均具有较高的英文水平。详细统计信息如表 4-2 所示。

描述性统计信息表

表4-2

变量	属性	频数	百分比
性别	男性	5	50.0 %
	女性	5	50.0 %
	非二元	0	0
年龄	小于20岁	0	0
	20~24岁	0	0
	25~29岁	4	40.0%
	30~34岁	4	40.0%
	35~39岁	2	20.0%
	40~49岁	0	0
	50~59岁	0	0
	大于60岁	0	0
受教育年限	少于10年	0	0
	11 年	0	0
	12 年	0	0
	13 年	0	0
	14 年	0	0
	15 年	0	0
	16 年	0	0
	17年	0	0
	超过18年	10	100.0%
英文熟练程度	基础	0	0
	流利	3	30.0%
	熟练	6	60.0%
	母语水平	1	10.0%
职业情况	全职工作	6	60.0%
	兼职工作	0	0
	待业或找工作	0	0
	学习或科研	4	40.0%
	退休	0	0
	其他	0	0

续表

变量	属性	频数	百分比
工作环境	办公空间	10	100.0%
	家	0	0
	户外	0	0
	工厂	0	0
	其他	0	0
每周工作时间	少于10小时	0	0
	11~20小时	0	0
	21~30小时	0	0
	31~40小时	1	10.0%
	41~50小时	6	60.0%
	51~60小时	2	20.0%
	60小时以上	1	10.0%

为了分析设计要素与影响因子对应关系，研究分别计算了每个被试者看完八段视频后在 OEBD 量表中的 4 个维度的问题的打分。

根据每个被试看完八段视频后在 OEBD 量表上的打分，先计算了每个被试在办公空间运动行为量表打分的平均分，随后计算了每个视频中全部被试平均分的平均分。最终得到了办公空间工作人员对每个视频集在量表 4 个维度上的打分的平均分，如表 4-3 所示。

八段视频在各维度得分结果 表4-3

视频编号	OEBD量表的维度			
	内部动机	外部动机	社交环境	工作环境
V1	6.67	3.76	1.60	1.48
V2	2.48	6.58	1.60	1.48
V3	1.56	1.49	6.53	1.58
V4	1.57	1.49	6.53	1.58
V5	1.53	1.49	6.53	1.58
V6	1.56	1.49	1.45	6.55
V7	1.57	1.51	1.45	6.55
V8	1.53	1.55	1.45	6.55

研究结果显示，V1 表达的设计要素类别为内部需求，具体包括：感知能力、愉悦、游戏化、产品能力和空间能力 6 个设计要素。当被试观看 V1 视频时，在量表的内部动机维度打分最高。表明感知能力、愉悦、游戏化、产品能力和空间能力是与内部动机相关的设计要素，对这些设计要素进行设计，可以干预因子——内部动机。

V2 表达的设计要素类别为外部需求，包含 4 个设计要素：感知利益、感知利益平衡、感知欣赏和感知参与。当被试观看 V2 视频时，在量表的外部动机维度打分最高。表明感知利益、感知利益平衡、感知欣赏和感知参与是与外部动机相关的设计要素，对这些设计要素进行设计，可以干预因子——外部动机。

V3 表达的设计要素类别为社会文化，包含 3 个设计要素：文化、符号化和团队。V4 表达的设计要素类别为社会空间环境，包含 4 个设计要素：隐私、领土、密度和提示。V5 表达的设计要素类别为社会关系，包含 3 个设计要素：社会关系、社会支持和上级行为。当被试观看 V3、V4、V5 的视频时，均在量表的社交环境维度打分最高。表明文化、符号化、团队、隐私、领土、密度、提示、社会关系、社会支持和上级行为都是与社交环境相关的设计要素，对这些设计要素进行设计，可以干预因子——社交环境。

V6 表达的设计要素类别为物质环境，包含 7 个设计要素：功能、空间组织、休息室、美学、色彩、自然元素和人机工学。V7 表达的设计要素类别为室内环境，包含 3 个设计要素：感官、空气和气候、光。V8 表达的设计要素类别为服务，包含设计要素服务。当被试观看 V6、V7、V8 的视频时，在量表的工作环境维度打分最高。表明上述设计要素与工作环境相关，对这些设计要素进行设计，可以干预因子——工作环境。

上述结果表明，通过观看表达设计要素视频，对被试进行刺激时，被试在相应的影响因子维度上会给出较高的分数。并且与研究人员对设计要素初步的分类相符合，从理论上得到更合理的解释。由此，划分了 30 个设计要素的类别，评估了 30 个设计要素的有效性。同时，建立了设计要素与 4 个影响因子之间的对应关系。

通过数据分析中得到的结论，评估了 30 个办公空间运动行为设计要素的有效性，证实了这些设计要素对办公空间中的运动行为具有劝导作用。并且通过视频打分，可以表明对不同设计要素进行刺激时，会对特定的因子产生影响。因此，研究的结论建立了 30 个设计要素与 4 个影响因子之间的对应关系，即将促进办公空间运动行为的"干预机制"和"设计干预方法"进行了结合。

4.2.2　办公空间运动行为的劝导式设计干预策略框架搭建

办公空间运动行为的劝导式设计干预策略框架是对整个策略宏观的理解，该劝导式设计干预策略框架的搭建建立在对"干预机制""设计干预方法"和"干预机制与设计干预方法的结合"三项研究的基础上。

（1）干预机制

根据第 2 章得到的研究结果，本书提出了 OEB 劝导模型。在 OEB 劝导模型中，内部动机、外部动机、社交环境和工作环境 4 个因子对办公空间工作人员的运动行为有着显著正向影响。因此，若想对办公空间运动行为产生影响，则需要对 4 个影响因子进行干预。

①内部动机，是指办公空间工作人员自发地对运动行为或健康相关活动的一种认知。内部动机直接与运动行为本身有关。当运动行为或健康相关活动能激发办公空间工作人员的兴趣、使办公空间工作人员感到愉快时，运动行为或健康相关活动就是办公空间工作人员采取运动行为的目的。

②外部动机，是指办公空间工作人员从事运动行为或健康相关活动是为了取得外部收益。外部动机来源于个体（办公空间工作人员）的外部，当办公空间工作人员感到外部的利益，如金钱收益、健康收益等来源于外部的回报时，采取运动或健康相关行为是获得外部回报的手段。

③社交环境，是指办公空间工作人员与他们所感知到的周边环境（包括有生命或无生命体）之间产生互动与交流，无论此互动是有意识的还是无意识的。社交环境通常是指办公空间中的文化、员工之间的关系等抽象的环境因素。

④工作环境，是指办公空间工作人员所处的外部物理环境，通常是指办公空间内设施、光线、声音等具象的环境因素。

在对 4 个影响因子进行干预时，可以对其中某一个影响因子进行干预，也可以对多个影响因子进行组合式干预。根据本书 3.4.4 节中对 4 个影响因子得分的研究，对 4 个影响因子干预的优先级排序为：外部动机优先，其次是工作环境和内部动机，社交环境最后。

（2）设计干预方法

根据第 4 章得到的研究结果，30 个办公空间运动行为的设计要素能够促进办公空间环境中的运动行为。这些设计要素包括：感知能力、愉悦、游戏化、产品能力、空间能力、感知利益、感知利益平衡、感知欣赏、感知参与、文化、符号化、团队、隐私、领土、密度、提示、社会关系、社会支持、上级行为、功能、空间组织、休息室、美学、色彩、自然元素、人机工学、感官、空气和气候、光、服务。

要使用设计手段干预办公空间运动行为，则可以对上述 30 个设计要素进行设计来实现干预目的。

（3）干预机制与设计干预方法的结合

根据上一小节中实验得到的结论，本书评估了 30 个办公空间运动行为设计要素的有效性，证实了这些设计要素对办公空间中的运动行为具有劝导作用。并且通过视频打分，表明对不同设计要素进行刺激时，会对特定的影响因子产生影响。因此，研究建立了 30 个设计要素与 4 个影响因子之间的对应关系，即将促进办公空间运动行为的"干预机制"和"设计干预方法"进行了结合。由此，搭建了办公空间运动行为的劝导式设计干预策略的框架，如图 4-2 所示。

办公空间运动行为的劝导式设计干预策略框架，以促进"办公空间运动行为"为中心，受到内部动机（IM）、外部动机（EM）、社交环境（SE）、工作环境（WE）4 个影

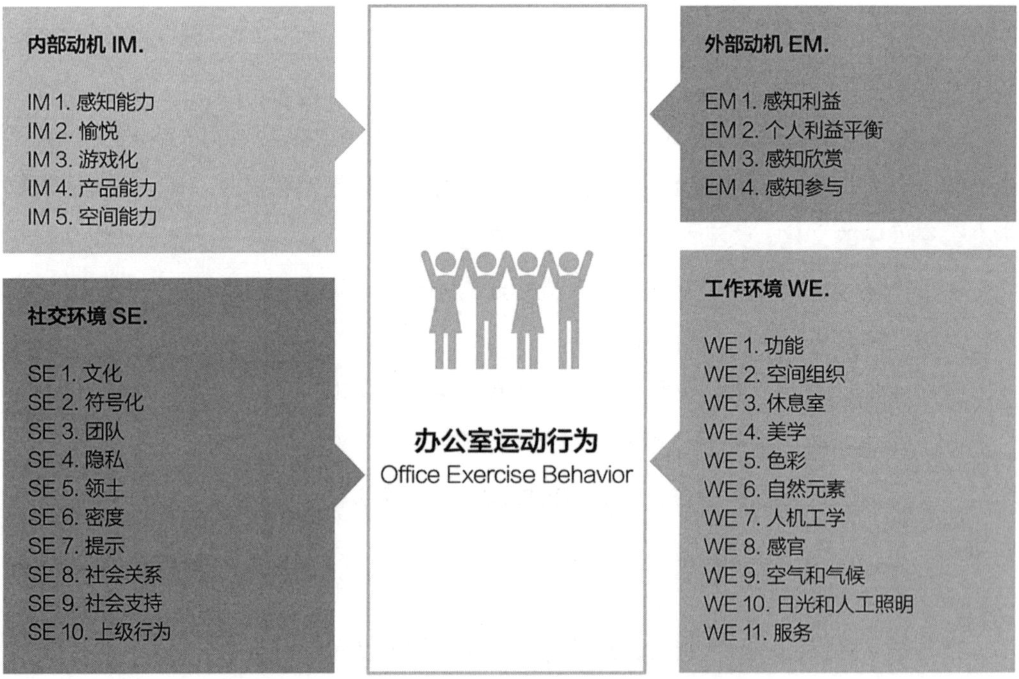

内部动机 IM.

IM 1. 感知能力
IM 2. 愉悦
IM 3. 游戏化
IM 4. 产品能力
IM 5. 空间能力

外部动机 EM.

EM 1. 感知利益
EM 2. 个人利益平衡
EM 3. 感知欣赏
EM 4. 感知参与

社交环境 SE.

SE 1. 文化
SE 2. 符号化
SE 3. 团队
SE 4. 隐私
SE 5. 领土
SE 6. 密度
SE 7. 提示
SE 8. 社会关系
SE 9. 社会支持
SE 10. 上级行为

办公室运动行为
Office Exercise Behavior

工作环境 WE.

WE 1. 功能
WE 2. 空间组织
WE 3. 休息室
WE 4. 美学
WE 5. 色彩
WE 6. 自然元素
WE 7. 人机工学
WE 8. 感官
WE 9. 空气和气候
WE 10. 日光和人工照明
WE 11. 服务

图4-2　办公空间运动行为的劝导式设计干预策略的框架

响因子的共同影响。即设计人员需对这4个因子进行设计干预，来促进办公空间工作人员的运动行为。

其中与内部动机（IM）相关的设计要素有感知能力、愉悦、游戏化、产品能力、空间能力。与外部动机（EM）相关的设计要素有感知利益、感知利益平衡、感知欣赏、感知参与。社交环境（SE）相关的设计要素有文化、符号化、团队、隐私、领土、密度、提示、社会关系、社会支持、上级行为。工作环境（WE）相关的设计要素有功能、空间组织、休息室、美学、色彩、自然元素、人机工学、感官、空气和气候、光、服务。

上述的设计要素，是用来干预4个影响因子的具体设计干预方法。因为4个影响因子只能帮助设计研究人员理解办公空间运动行为产生的底层原因的，是比较抽象的，在设计实践中无法直接对影响因子进行干预或设计。设计要素则提供了具体的设计切入点，设计研究人员可以通过对某设计要素的设计，实现对相应影响因子的干预。

该劝导式设计干预策略框架的搭建，建立了干预机制和设计干预方法之间的对应关系。若想对影响因子"内部动机"进行干预，则可以对设计要素IM1~IM5进行设计；若想对影响因子"外部动机"进行干预，则可以对设计要素EM1~EM4进行设计；若想对影响因子"社交环境"进行干预，则可以对设计要素SE1~SE10进行设计；若想对影响因子"工作环境"进行干预，则可以对设计要素WE1~WE11进行设计。

4.3 办公空间运动行为的劝导式设计干预方案提出

在对劝导式设计干预策略框架有了宏观的把握后，本书对办公空间运动行为的劝导式设计干预策略框架中的30个具体的设计要素进行了更深入的探讨。解释了每个设计要素的意义，并对每个设计要素提出了更具体的劝导式设计干预方案，还提出了在设计干预中，各设计要素之间的互相关联。

4.3.1 内部动机相关设计干预方案

与因子内部动机相关的设计要素分别被编号为IM1~IM5，其具体的干预方案如下：

IM 1.	感知能力
意义	用户感知到在办公环境中有能力进行运动行为。
	• 在针对感知能力进行劝导式设计时，应结合IM4-产品能力与WE1-功能，设计相应的运动设施，并使用户感知到自己有使用这些设施的能力。 • 在针对感知能力进行劝导式设计时，应结合IM5-空间能力，设计合理的空间，使用户感知到自己有使用这些空间的能力。 • 在针对感知能力进行劝导式设计时，应结合WE11-服务，给员工提供服务支持，使用户感知到自己具备在办公场所中进行运动行为的能力。

IM 2.	愉悦
意义	在办公环境中使用户感到愉悦、轻松，或释放压力相关的设计。
	• 在针对愉悦进行劝导式设计时，应结合IM3-游戏化，设计使员工感到愉悦的身体活动形式。 • 在针对愉悦进行劝导式设计时，应考虑工作环境（WE1~WE11）对其产生的影响，物理环境的舒适与愉悦会显著影响用户整体的愉悦感。

IM 3.	游戏化
意义	在办公空间中融入游戏化相关的设计以促进运动行为。
	• 在针对游戏化进行劝导式设计时，应考虑简单有趣的内容与任务，使每个员工都可参与的游戏设计。 • 在针对游戏化进行劝导式设计时，可与SE3-团队结合，设计团队游戏或团队活动，强调团队成员间的互动。 • 在针对游戏化进行劝导式设计时，可与SE1-文化结合，与企业文化相结合的游戏化设计可以促进组织凝聚力。

IM 4.	产品能力
意义	用户感知到自己具备对工作环境中产品的使用能力。例如，用户认为自己有能力、可以使用某一产品。用户对工作环境中使用的产品的感知，会影响用户对这些产品的使用意愿，也会影响健康行为和满意度。[319]
	• 在针对产品能力进行劝导式设计时，需使用户感知到对工作环境中的产品具备使用的能力。例如，员工有使用运动器材的能力。 • 保证基础设施（例如：移动电话、视频会议、工作日程、时间记录、空间预订等）满足员工基本的需求和灵活的需求。

IM 5.	空间能力
意义	用户感知到自己具备对工作环境中空间的使用能力。例如，用户认为自己有能力、可以使用某一功能空间。用户对工作环境中使用的空间的感知，会影响用户对这些空间的使用意愿，也会影响健康行为和满意度。[320, 321]
	• 使员工了解自己办公空间环境中的各种空间（例如：位于自己附近茶水间、公共休息空间、运动健身空间等）的公开信息，明确告知员工不同空间适用的行为准则。 • 了解员工误用空间的原因，采取措施查明原因，或调整使用规则。 • 智能控制和监测员工的时间表，以便对其活动空间进行评估。如果空间预订（例如：会议室、健身房等）不足以完成计划的活动，会减少员工的空间能力。

4.3.2 外部动机相关设计干预方案

与因子外部动机相关的设计要素分别被编号为 EM 1~EM 4，其具体的干预方案如下：

EM 1.	感知利益
意义	用户感知到在办公空间环境中进行运动可能获得的利益。例如，适当的活动和休息可以提升身体活力和工作效率，参与团队活动可以促进社会关系等。
	• 在针对感知利益进行劝导式设计时，使用户能够感知到采取运动行为潜在利益。 • 在针对感知利益进行劝导式设计时，可以与WE11-服务相结合，组织应充分了解员工将哪些因素视为利益。

EM 2.	感知利益平衡
意义	用户感知到在办公空间环境中进行运动的成本和可获得的利益是平衡的。当看不到个人利益时，改变的动机和意愿就会减少。例如，当用户感知到适当的身体活动，会提升工作效率，不会导致目标工作任务失败时，用户就有很大可能采取运动行为。
	• 具体了解员工认为哪些方面的变化被视为个人利益。 • 结合WE11-服务，对员工在工作场所运动干预项目中感到个人利益的程度进行调查，并进行相应的调整。

EM 3.	感知欣赏
意义	用户感知到在办公空间环境中进行运动带来的欣赏和肯定（外界对自我）。用户在采取某种行为时，感知欣赏和社会认可对于用户福祉[322, 323]和用户行为持续有正向影响。
	• 在针对感知欣赏进行劝导式设计时，考虑与SE11-社会支持相结合。 • 在针对感知欣赏进行劝导式设计时，可以与WE 11-服务相结合，认真对待员工的问题或投诉。问题解决后，员工可收到该投诉状态的反馈。

EM 4.	感知参与
意义	用户感知到在办公空间环境中进行运动带来的影响和参与感（自我对外界）。人们希望能够影响和控制生活中的事物，在办公空间中主要表现在自己的影响力和参与感上。
	• 在针对感知参与进行劝导式设计时，可以鼓励员工参与某些活动、组织某些活动，从而对周边环境和同事产生影响。 • 在针对感知参与进行劝导式设计时，考虑与EM3-感知欣赏相结合。

4.3.3 社交环境相关设计干预方案

与因子社交环境相关的设计要素分别被编号为 SE 1~SE 10，其具体的干预方案如下：

SE 1.	文化
意义	办公空间环境中与企业文化、办公空间文化及氛围的相关设计。
	• 办公空间通过设计（例如：企业文化元素、产品展示等）来传达公司文化。 • 办公空间的设计传递积极的象征性信息（例如：友好、热情、活力等）。

SE 2.	符号化
意义	办公环境中的符号语言及隐喻的设计。符号化的设计可以帮助用户理解环境中的关联意义；环境中表达的积极隐喻（例如：活跃、创新、身体活跃等）可以影响用户的行为；符号语言还可以作为传达企业价值观和组织策略的手段。
	• 在针对符号化进行劝导式设计时，设计人员应考虑组织文化和价值观，检查不同功能空间符号的一致性，确保内部和外部语言的一致。 • 通过符号化的设计，表达积极价值观，使员工感受到积极隐喻。

SE 3.	团队
意义	办公环境中关于团队协作、活动、互动相关的设计。
	• 在针对团队进行劝导式设计时，应考虑团队成员间的相互影响。 • 应在团队个性化上进行设计，每个团队可以使用不同的设计概念，通过颜色或不同的设计主题，设计团队的墙壁与图片、照片、装饰材料、黑板、游戏设备等。

SE 4.	隐私
意义	办公环境中关于用户隐私相关的设计。隐私是个人能够确定社会交往中的性质和频率，并有控制退出的能力。例如，控制同事是否可以查看自己的电脑屏幕、他人是否能看到自己的行为。缺乏隐私不仅会导致用户的心理压力[324]，还会使用户中断行为。
	• 在办公环境中，应设计隐私空间，例如：集中工作、休息、运动、私人谈话等。 • 设计避免员工的背部朝向入口、门或开放区域，保证员工的安全感和隐私需求。

SE 5.	领土
意义	办公环境中与用户行使特定空间或区域的权利，以及个性化相关的设计。领土的控制是通过领土行为实现的，包括标记和防御两种行为。
	• 设计中需注意领土区分，一般指针对员工的个人领地。例如，拥有特定区域的身体活动场所。 • 应与SE3-团队个性化上进行结合考虑，每个团队可以使用不同的设计概念，通过颜色或不同的设计主题，设计团队的展示墙，设置团队家具。 • 员工可以自定义工作场所，例如，使用图片、海报、工作材料等标记自己的领土，而不必在工作日结束时带走它们。 • 布局设计不要使开放的区域过于广泛，通过房间、墙体隔板、高边柜、面板以及窗帘，创建较小的区域，使员工可以标记自己的领土。

SE 6.	密度
意义	办公环境中与人员密度相关的设计。研究表明，人员密度高、拥挤的环境会导致人的压力[325]，甚至中断行为。例如，在人员密度高的运动环境中，压力会导致运动减少。
	• 在设计中，考虑员工的分布与员工的流动，合理分配空间大小与人员密度。 • 将智能化设计引入办公空间中，使员工可以预约使用某空间、某产品，可以查看某空间和产品的当前使用情况。

SE 7.	提示
意义	办公环境中与提示员工行为相关的设计。
	• 在设计中考虑物理提示（例如：声音、光线等）。 • 设计也要考虑社交提示和其他可能中断用户行为的提示方法。

SE 8.	社会关系
意义	办公环境中与人员社会关系相关的设计。例如，办公空间设计的开放性、规模、会议场所和制造沟通可能性的设计，会对社会关系产生影响。促进同事间交流的设计，或提升信息交流频率的设计[326]，会有助于社会群体的凝聚力和良好的社会关系。
	• 设计开放的办公空间环境，能够促进办公空间中人员的接触，辅助建立社会关系。 • 设计流动空间，便于员工选择一个空间接近社交联系人，并创造新的社交接触。 • 创造非正式交流场所。设计有活力的休息和餐饮区（例如：餐厅、露台等），可以促进非正式的沟通，从而建立社会关系。

SE 9.	社会支持
意义	办公环境中与人员之间的支持相关的设计。当人们确信他们受到情感支持和肯定支持，并且他们是沟通和相互支持的一部分时，就会发生社会支持。[327]
	• 工具支持，其中包括具体的帮助，可以与WE11-服务相结合进行设计。 • 基于自尊的支持，通过肯定员工行为，或告知员工他的行为被重视和接受。 • 同志关系支持，例如，鼓励员工在办公空间进行非正式的谈话、一起进行身体活动等。 • 员工可以自由、灵活地选择位置、区域或隔壁同事。

SE 10.	上级行为
意义	办公环境中与上级、榜样相关的设计。
	• 上级行为作为社会支持中的一部分，在办公空间中是尤其重要的[322]。在办公空间中可以强化SE1-文化与SE3-团队进行企业榜样或团队榜样的树立。 • 员工可以方便地与上级联系，设计时考虑物理距离短、能见度高、访问方便。 • 运动行为的改变受他人的影响。特别是有社会力量的人、与个体有积极情感关系或是榜样关系的人。[328]

4.3.4　工作环境相关设计干预方案

与工作环境相关的设计要素分别被编号为 WE 1~WE 11，其具体的干预方案如下：

WE 1.	功能
意义	办公环境中的功能设计，即办公环境的整体功能和局部功能，是否能够符合办公空间工作人员工作和活动的目标。
	• 在针对功能进行劝导式设计时，设计人员应首先对用户的需求（例如：工作任务需求、身体活动需求）进行分析，包括使用问卷调查、访谈等方法进行具体分析。 • 对办公空间功能的设计必须兼顾可用性和用户友好设计，使员工能够从办公空间环境的功能层面感受到受益。[329]

WE 2.	空间组织
意义	办公环境空间布局、空间形状、空间的独立与连接、使用路径的设计。
	• 在针对 WE2-空间组织进行劝导式设计时，设计人员应充分考虑不同空间的功能。 • 对于空间的规模，应结合WE1-功能与SE8-密度进行考量。 • 对于空间的封闭与开放，封闭性空间适合处理复杂工作任务，还可满足员工隐私需求；开放性空间则适合处理简单工作任务，可以促进员工间的交流和协作[330, 331]。 • 非正式空间和空间之间连接路径的合理组织设计，可以促进员工在工作时间内的低水平身体活动，例如站立、行走、拉伸等行为。

WE 3.	休息室
意义	办公环境中独立的用于休息、放松、恢复的空间设计。
	• 在针对 WE3-休息室进行劝导式设计时，首先应结合WE9-感官设计，对视觉、听觉进行隔离。休息室需与正式工作空间保持一定的物理距离，并创造隐私空间。 • 休息室设计应满足不同的休息需求（例如：进食、私人交流、运动或锻炼、睡眠放松、社交休息等）。 • 休息室设计应结合WE8，针对不同休息需求，提供不同种类的家具和设施。 • 休息室设计应结合WE10和WE11对气候和光线进行适当的设计，为员工创造平和、安全、令人愉悦的体验。

WE 4.	美学
意义	办公空间环境中与美学相关的设计，即在办公空间环境设计中对美学设计进行适当的刺激，过度的美学体验可能会影响工作环境中的感官，造成工作效率降低等问题，适当的美学复杂性、新奇性会激励员工的积极性，包含积极的心理和积极的行为。
	• 在针对 WE4-美学进行劝导式设计时，应该设计符合目标用户群体期待的美学设计，充分考虑企业性质、工作性质、人员特质等因素。 • 在整个办公环境中的美学设计，应具有连贯性和一致性，降低用户理解的难度。

WE 5.	色彩
意义	办公空间环境中的色彩设计，包括空间的色彩设计（例如：墙壁、天花板、地面等），也包含产品的色彩（例如：家具、地毯、桌椅等）。
	• 在针对 WE5-色彩进行劝导式设计时，设计人员应考虑色彩的属性和功能，在不同的功能空间使用不同的色彩。例如，在工作区域使用蓝色、灰色等表达冷静理智的颜色；在休息室采用棕色、米色等表达温暖舒适的颜色；在休闲、运动空间，采用红色、橙色等表达激励活跃的颜色。 • 使用色彩来协助WE1和WE2，进行空间分区的设计，使员工感受到空间的划分。 • 适度的色彩设计，能够促进员工积极情绪[332, 333]，辅助员工态度和行为转换。 • 色彩设计可以支持SE1和SE2，来传达企业文化价值观和传达符号化的象征意义。 • 色彩设计可以与WE6-自然元素、WE 11-日光和人工照明，互相辅助设计。

WE 6.	自然元素
意义	办公空间环境中的植物和自然元素的设计。既往研究表明植物对健康心态、健康行为都有积极的影响[334]，室内植物有助于减轻压力[335]。露天环境、可以看到自然元素的视野，对幸福感和用户满意度有显著的正向影响。自然图案视觉作品，如画、海报、图片等，对积极行为和用户满意度有显著的正向影响。[336]

	• 在针对自然元素进行劝导式设计时，要选择适合的植物放在办公环境中，考虑WE9、WE10、WE11中气味、气候条件、光线等条件。 • 办公环境设计中，多种自然元素的合理运用（例如：木材、石材、水等）。 • 办公环境设计中，有机形状或自然图案图片、海报，在某些空间内合理运用（例如：在运动空间、休息室、休闲区、讨论区、走廊等）。 • 办公环境设计中融入户外环境（例如：户外运动区、户外餐饮区等）。 • 创造室内与室外的合理连接（例如：健身房或休闲空间有自然景观的视野）。 • 办公建筑有自然设计的露台、室外区域，或有公园、绿地等在步行距离内。
WE 7.　人机工学	
意义	办公空间环境中的尺度和人机工学的设计。其中包含了空间的尺度和人机工学设计（例如：每个工作空间的大小）；也包含相关产品的尺度和人机工学设计（例如：桌椅、运动器械等）。用户对工作环境中空间和产品的使用舒适度和满意度，很大程度地影响了用户整体的健康态度。[320, 321]
	• 在针对人机工学进行劝导式设计时，应根据WE1-功能，对空间和空间中所使用的产品进行符合一般人机工学的设计。 • 由于工作环境中的流动性和复杂性，设计人员可考虑产品的模块化设计、可调节设计、个性化设计等，以适用于不同的员工。 • 员工参与家具和设备的选择，可以选择员工认为最适合自己和想要使用的设备。例如，单独选择的办公椅、人体工程学辅助工具等。 • 个人信息和通信技术的人体工程学符合工作场所健康的一般标准建议。
WE 8.　感官	
意义	办公空间环境中声音、气味等感官的设计。
	在针对感官设计进行劝导式设计时，设计人员应考虑声音的两种效果： • 自然的声音可促进用户的健康行为，具有放松作用[337]。在设计中需考虑在适当空间中使用声音作为感官刺激。 • 声音可对用户行为造成干扰[338]，对一些空间进行隔声设计。例如沉默区（复杂任务工作区）需保持安静、谈话区（会议室、休闲空间）中等音量的对话和讨论、私密区（支持个人和隐私对话）低等音量的对话、活跃区（运动空间、户外餐饮空间）可播放音乐和大声对话。 除声音之外，还可针对以下感官进行劝导式设计： • 设计人员可以使用WE5色彩来影响员工的行为。例如，安静区域使用昏暗的光线和较深的颜色、在安静区域设计代表保持安静的图标。 • 将不同功能空间进行物理划分，例如，对运动区域、餐饮区域与工作区域的距离进行合理设计，避免气味干扰。
WE 9.　空气和气候	
意义	办公空间环境中空气和气候的设计。室内空气质量是指用户呼吸的空气的新鲜度和纯度，以及用户对其评价的愉悦程度。室内气候由气温、辐射温度、相对湿度和空气流动四个要素组成。用户在空气和气候不满意的环境中，整体健康水平和运动行为受限，高二氧化碳的环境会导致用户疲劳、影响工作和决策。[339]
	在针对空气和气候进行劝导式设计时，在多人的办公环境中，由于条件限制，个体几乎不能对工作场所的空气质量和气候进行个性化控制。因此，设计人员通常采用空间区域来划分空气和气候控制影响员工行为。例如，在运动空间中温度会低于工作空间温度。这些空气和气候控制，会根据自然环境和时间环境进行动态的调整。一般来说设计方案如下： • 可打开的窗户，使个体员工可以对小范围内新鲜空气供应行使控制。

	• 应保证大量新鲜空气，选择合适的通风系统和空调。 • 确保所有员工可以访问外部空间。 • 无线传感器技术可用于检测仪温度、湿度和光线。 • 帮助员工了解所处空间的空气和气候情况，推荐适合办公空间温度的服装。
WE 10.	**光**
意义	办公空间环境中自然光线和人工照明的设计。工作环境中的光是由日光和人工照明组成的。日光被普遍认为是对健康和积极心理更有益的[340, 341]。人造光由光源产生，取决于室内的灯具分配，灯具的类型决定光的分布、特征和效率。办公空间的照明控制尤其重要，因为个体偏好存在差异，大部分用户不满足于固定的照明条件。[342]
	• 在针对光进行劝导式设计时，应该尽可能利用日光，高效、均匀地在办公空间中布局日光照明。 • 基本照明和个人空间照明需采用不同光源的组合，并可以实现个人控制。 • 使用现代照明系统。例如，员工可以使用智能手机控制光线、调节光线冷暖等。 • 设计灯光和灯具时，应考虑空间和活动的特点。 • 设计灯光时使用与日光光谱特性相似的灯。
WE 11.	**服务**
意义	办公空间环境中与服务和员工福祉相关的设计。例如，餐饮服务、交通服务、卫生与健康服务、体育设施等。
	• 在对服务和员工福祉的设计中，应将员工的心理和生理健康作为服务目标。 • 提供帮助员工解决问题的服务。 • 提供鼓励健康和身体活动相关的服务。 • 提供咨询和帮助压力释放和心理健康相关的服务。 • 对办公空间环境中的服务内容和服务质量，应定期调研员工满意度。 • 提供明确关心员工职业安全和健康的专业人员或团队，例如，产品使用咨询、产品使用教育、工作中的压力处理建议、工作中时间管理规划建议等。 • 在办公空间内（食堂、咖啡馆、开放吧台等）提供健康饮食。 • 提供免费的咖啡、热饮和水，可从所有位置快速到达。 • 提供有安全感的环境，建筑、通往停车场或通往公共交通的道路上照明充足、有保安人员。 • 提供针对员工儿童的保育设施，在办公楼内或附近。 • 办公大楼或附近的员工可享受体育和休闲服务，例如，课程、健身、按摩等。

对 30 个设计要素，提出上述具体的劝导式设计干预方案，并阐明了各设计方案之间的关联性。在设计实践中，可以针对某一要素进行设计，以实现对相应的影响因子的干预，也可以将多个设计要素综合考虑，有助于提高劝导式设计干预的有效性。

4.4 办公空间运动行为的劝导式设计干预策略系统构建

通过上一节对具体劝导式设计干预方案的分析和讨论，本书发现劝导式设计干预策略实施是围绕着劝导对象——办公空间工作人员、劝导情景——办公空间环境、劝导手段——办公空间中的技术与服务三个方面来展开的。因此，办公空间运动行为的劝导式设计干预策略可以总结为以下三点：

第一，以劝导对象为中心，深入理解办公空间运动行为产生的原因。

第二，以劝导情景为基础，充分考虑办公空间环境的特点。

第三，以多种技术为手段，合理利用工作场所中的技术。

在对办公空间运动行为的劝导式设计干预策略有了宏观的框架和微观的具体方案后，本书构建了办公空间运动行为的劝导式设计干预策略系统，从应用层面对本书的研究结果进行了总结，如图4-3所示。

办公空间运动行为的劝导式设计干预策略系统的左侧，展示了对办公空间运动行为的理解。该系统的最中心是人，代表该系统以劝导对象为中心，即办公空间中的工作人员。

蓝色圈为办公空间运动行为劝导模型中提出的两方面因素，要充分理解促进办公空间工作人员行为改变的动机因素和环境因素。绿色圈为具体的办公空间运动行为影响因素，可以通过内部动机、外部动机、社交环境、工作环境4个影响因子来促进办公空间运动行为。黄色圈为本书研究中得出的办公空间运动行为的设计干预策略，该劝导式设计干预策略是以劝导情景为基础的，考虑到办公空间环境中的特殊性，结合现代办公空间环境、工作场所中的技术、工作场所中的服务，来对办公空间人员的运动行为进行有效的设计干预。

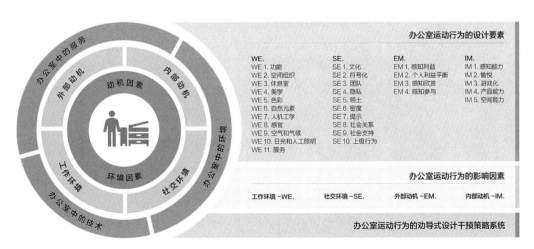

图4-3　办公空间运动行为的劝导式设计干预策略系统

办公空间运动行为的劝导式设计干预策略系统的右侧,展示了对办公空间运动行为中"干预机制"和"设计干预方法"之间的对应关系,即劝导式设计干预策略的应用方法。基于对办公空间运动行为影响因素的理解,为 WE、SE、EM 和 IM4 个影响因子提供对应的设计要素,并为每一个设计要素提供具体的劝导式设计干预方案。

以 4 个影响因子为干预机制、以 30 个设计要素为设计干预方法,定向地对办公空间环境中的运动行为进行干预,旨在帮助办公空间工作人员实现"工作中的任务"与"工作中的健康"平衡的良好状态。

4.5 小结

本章对如何将干预机制和设计干预方法进行结合展开了研究,对办公空间运动行为的设计要素的有效性进行了评估,并研究了 30 个设计要素与 4 个影响因子之间的对应关系,提出了完整的办公空间运动行为的劝导式设计干预策略。

首先,进行了一项基于隐喻抽取法的实验,验证了 30 个设计要素对办公空间中运动的劝导作用,回答了本章开头中提出的研究问题一。

其次,用实验数据分析了设计要素与影响因子的对应关系,将"干预机制"和"设计干预方法"进行了匹配,回答了本章开头中提出的研究问题二。

最后,提出了办公空间运动行为的劝导式设计干预策略,从宏观、微观和应用层面阐释了如何以劝导式设计方法,有效地干预办公空间运动行为。

本章研究受国家重点研发计划"城镇可持续发展关键技术与装备"专项"城市高强度片区优化设计关键技术"项目课题 4 子课题 6:"基于归属感的空间地域性优化技术"项目(2023YFC3807404-6)资助。

办公空间运动行为可能的影响因素的测量条目（中/英）

-1 中文版本

可能的影响因素	测量条目
感知行为可控	1. 我可以掌控自己是否做运动。 2. 对我来说，运动是容易的。 3. 如果我想的话，我可以很容易地运动。
能力	4. 我认为我很擅长体育锻炼。 5. 我在运动上付出了很多努力。 6. 与同龄人相比，我认为我在体育锻炼方面做得很好。 7. 我并没有很努力地去做好体育锻炼。 8. 我非常努力地进行体育锻炼。 9. 我的运动水平相当高。 10. 我没有把太多的精力放在体育锻炼上。
感知健康	11. 运动可以改善我的心理健康。 12. 运动可以增加我的肌肉力量。 13. 运动可以防止我患上高血压。 14. 运动使我的肌肉张力得到了改善。 15. 运动可以改善我的心血管系统功能。 16. 运动使我的性情得到了改善。 17. 运动有助于我晚上睡得更好。 18. 如果我运动，我的寿命会更长一些。 19. 运动可以改善我的身体机能。
愉悦	20. 我非常喜欢参加体育锻炼。 21. 运动非常有趣。 22. 我认为体育锻炼很无聊。 23. 我觉得我必须参加体育锻炼。 24. 体育锻炼不能引起我的兴趣。 25. 我将体育锻炼描述为非常有趣。 26. 我认为体育锻炼非常愉快。 27. 在运动时，我会考虑自己有多享受它。
表现	28. 我运动是为了保持外形。 29. 我通过运动来控制自己的体重，这样别人会觉得我更好看。 30. 身材苗条、事业成功的人可能需要大量运动。 31. 我不想显得瘦弱，所以我努力运动。 32. 我运动是为了不让自己看起来太胖或松弛。
家人与朋友的影响	33. 我的家人和朋友会认为我应该做一些运动。 34. 一般来说，我想做我的家人和朋友认为我应该做的事情。
同事影响	35. 我的同事会认为我应该做一些运动。 36. 一般来说，我想做我的同事认为我应该做的事情。
上级影响	37. 我的上司会认为我应该做一些运动。 38. 一般来说，我想做我的上司认为我应该做的事情。 39. 我必须做一些运动，因为我的上司要求我这样做。

续表

可能的影响因素	测量条目
社会支持	40. 身体运动活跃的人相比不爱运动的人更受欢迎。 41. 运动行为将会增加别人对我的接受度。
社会强化	42. 如果有一个同伴和我一起进行运动，那将是一种激励。
活力传统	43. 我办公空间的健康氛围会影响我的运动行为。
公共空间规模	44. 我的办公空间里没有足够的公共空间来进行身体活动。 45. 对我来说，在办公空间有足够的公共空间来进行身体活动是重要的。
运动器材	46. 我的办公空间里没有足够的运动设施来进行身体活动。 47. 对我来说，在办公空间有足够的运动设施给每个人使用是重要的。
运动指导	48. 我来说，在办公空间有健身教练是重要的。
工作节奏	49. 办公空间的工作节奏会影响我的运动行为。
休息时间	50. 办公空间的休息时间会影响我的运动行为。
工作场所政策	51. 公司的政策和规定会影响我的运动行为。
工作负担	52. 办公空间的工作负担会影响我的运动行为。

-2 英文版本

Potential Determinants	Mearsure Items
Perceived Behavioral Control	1. I have control over whether I do or not do exercise. 2. For me to exercise is easy. 3. If I wanted to I could easily exercise.
Competence	4. I think I am pretty good at physical activities. 5. I put a lot of effort into physical activity. 6. I think I do pretty well at physical activity，compared to my peers. 7. I haven't tried very hard to do well at physical activities. 8. I try very hard at physical activity. 9. I am pretty skilled at the level of exercise that I do. 10. I haven't put much energy into doing physical activity.
Perceived Health	11. Exercise improves my mental health. 12. Exercise increases my muscle strength. 13. Exercising will keep me from having high blood pressure. 14. My muscle tone is improved with exercise. 15. Exercising improves functioning of my cardiovascular system. 16. My disposition is improved with exercise. 17. Exercising helps me sleep better at night. 18. I will live longer if I exercise. 19. Exercising improves overall body functioning for me.

Potential Determinants	Mearsure Items
Enjoyment	20. I enjoy participating in exercise very much. 21. Exercise is fun to do. 22. I think that physical activity is boring. 23. I feel like I have to participate in physical activity. 24. Physical activity does not hold my attention at all. 25. I would describe physical activity as very interesting. 26. I think that physical activity is quite enjoyable. 27. While participating in physical activity，I think about how much I enjoy it.
Appearance	28. I exercise to keep my appearance. 29. I exercise to control my weight so that I look good for others. 30. People who are thin and successful probably have to exercise a lot. 31. I don't want to look weak，so I try to work out a lot. 32. I exercise so that I will not look too fat or flabby.
Family and Friend Influence	33. My family and friends would think that I should do some physical activity. 34. Generally speaking，I want to do what my families and friends think I should do.
Colleague Influence	35. My colleagues would think that I should do some physical activity. 36. Generally speaking，I want to do what my colleagues think I should do.
Superior Influence	37. My superior would think that I should do some physical activity. 38. Generally speaking，I want to do what my superior think I should do. 39. I will have to do some physical activity because my superior requires it.
Social Support	40. People who are physically active are more popular than those who are not. 41. Exercising increases my acceptance by others.
Social Reinforcement	42. If I would have a partner who does physical exercise with me，it would be a reinforcement.
Vitality Tradition	43. The healthy tradition at my office influences my exercise behavior.
Public Space Scale	44. There will not be enough public activity space for exercise in my office. 45. For me，having enough public activity space for exercise in the office is important.
Exercise Facilities	46. There will not be enough exercise facilities for everyone in my office. 47. For me，having enough exercise facilities for everyone to use is important.
Exercise Tutorial	48. For me，having an exercise coach in the office is important.
Work Pace	49. The work pace in the office influences my exercise behavior.
Break time	50. The break time in the office influences my exercise behavior.
Policy of Working Company	51. The policy of company influences my exercise behavior.
Work Burden	52. The work burden in the office influences my exercise behavior.

办公空间运动行为问卷第一部分（中 / 英）

-1 中文版本

欢迎信息

在这项调查中，您将被问到有关身体活动与锻炼的问题。大多数人在大约15分钟内完成调查。这些详细信息适用于您参与此调查。参加本调查，即表示您同意我们知情同意书中的条款。

本问卷分为三个部分。第一部分询问您当前的运动情况和职业情况。第二部分询问您对工作环境中的身体活动和锻炼的态度。第三部分询问有关您的文化背景和一般人口统计信息，如你的年龄、国籍和性别。

第一部分 目前运动情况与职业情况

1.通常在7天（一周）内，您平均在空闲时间进行15分钟以上的以下运动次数（在每行上写下相应的次数）。

	每周的次数
剧烈运动（心跳速度剧烈） （例如、跑步、慢跑、曲棍球、足球、壁球、篮球、越野滑雪、柔道、轮滑、剧烈的游泳、剧烈的长距离自行车）	—
适度运动（不感到疲惫） （例如、快走、棒球、网球、轻松自行车、排球、羽毛球、轻松游泳、高山滑雪、流行和民间舞蹈）	—
轻度运动（付出最小的努力） （例如、瑜伽、射箭、河岸垂钓、保龄球、马蹄铁、不用手推车的高尔夫、滑雪、轻松步行）	—

2. 您在工作时间内进行过体育活动吗？（例如，走楼梯代替使用电梯；休息时间健身；小型身体活动）

□ 有

□ 没有

3. 您的主要职业是？

☐ 带薪全职工作

☐ 带薪兼职或临时工作

☐ 无业及正在找工作

☐ 学习或研究

☐ 退休

☐ 其他

4. 您的行业分类属于？

☐ 农业，林业，渔业、狩猎业

☐ 公用事业

☐ 建造业

☐ 制造业

☐ 贸易（批发 / 零售）

☐ 运输、仓储业

☐ 金融、保险

☐ 地产、租赁业

☐ 信息

☐ 服务

☐ 专业人员、科学、技术服务

☐ 教育

☐ 卫生保健、社会援助

☐ 艺术、娱乐、休闲

☐ 政府、公共行政业

☐ 其他

5. 您如何分类您的职业角色？

☐ 经理

☐ 自雇、合伙人

☐ 行政人员

☐ 技术支持人员

☐ 顾问

☐ 训练有素的专业人员

☐ 技术工人

☐ 研究人员

☐ 学生

☐ 临时雇员

☐ 其他

6. 您工作的组织是下列哪一类：

☐ 公营部门（例如政府）

☐ 私营部门（例如大部分企业和个人企业）

☐ 非盈利部门

☐ 不确定

☐ 其他

7. 您的工作环境是什么？（如有两种或以上，请选择您所处工作时间最长的环境）

☐ 办公空间

☐ 家

☐ 户外

☐ 工厂

☐ 其他

8. 请尝试估算：您每周工作几小时？

☐ 每周少于 10 小时

☐ 每周 11~20 小时

☐ 每周 21~30 小时

☐ 每周 31~40 小时

☐ 每周 41~50 小时

☐ 每周 51~60 小时

□ 每周超过 60 小时

-2 英文版本

Welcome Message

In this survey，you will be asked questions about physical exercise. Most people complete the survey in approximately 15 minutes. These details apply to your participation in this survey. By participating in this survey，you agree to the terms of our consent form.

There are three parts to this questionnaire. Part 1 asks about your current physical activities and your occupation. Part 2 asks about your attitude about physical activity and exercise in your working environment. Finally. Part 3 contains questions about your cultural background and general demographics such as your age，nationality and gender.

PART 1　Current physical activities and occupation

1. During a typical 7-day period（a week），how many times on the average do you do the following kinds of exercise for more than 15 minutes during your free time（write on each line the appropriate number）.

	Times per week
STRENUOUS EXERCISE（HEARTBEATS RAPIDLY） （E.g., running，jogging，hockey，football，soccer，squash，basketball，cross country skiing，judo，roller skating，vigorous swimming，vigorous long-distance bicycling）	—
MODERATE EXERCISE（NOT EXHAUSTING） （E.g., fast walking，baseball，tennis，easy bicycling，volleyball，badminton，easy swimming，alpine skiing，popular and folk dancing）	—
MILD EXERCISE（MINIMAL EFFORT） （E.g., yoga，archery，fishing from riverbank，bowling，horseshoeing，golf without using a cart，snowmobiling，easy walking）	—

2. Have you ever performed physical activities during work time?（E.g., walking stairs；work out during lunch break；small physical activities）

☐ Yes ☐ No

3. Your main occupation is _____

☐ Paid full-time work

☐ Paid part-time or casual work

☐ Unemployed and looking for work

☐ Studying or researching

☐ Retired

☐ Others

4. How would you classify your industry?

☐ Agriculture，Forestry，Fishing and Hunting

☐ Utilities

☐ Construction

☐ Manufacturing

☐ Trade（Wholesale/retail trade）

☐ Transportation and Warehousing

☐ Finance and Insurance

☐ Real Estate，Rental and Leasing

☐ Information

☐ Services

☐ Professional，Scientific and Technical Services

☐ Education

☐ Health Care and Social Assistance

☐ Arts，Entertainment，and Recreation

☐ Government and Public Administration

☐ Others

5. How would you classify your role?

☐ Manager

☐ Self−employed/Partner

☐ Administrative Staff

☐ Support Staff

☐ Consultant

☐ Trained Professional

☐ Skilled Laborer

☐ Researcher

☐ Student

☐ Temporary Employee

☐ Others

6. The organization you work for is in which of the following:

☐ Public sector (E.g., government)

☐ Private sector (E.g., most businesses and individuals)

☐ Non−profit sector

☐ Don't know

☐ Others

7. What is your working environment?

☐ Office

☐ Home

☐ Outdoor

☐ Factory

☐ Others

8. Please try to estimate: How many hours do you work per week?

☐ Less than 10 hours per week

☐ 11−20 hours per week

- ☐ 21−30 hours per week
- ☐ 31−40 hours per week
- ☐ 41−50 hours per week
- ☐ 51−60 hours per week
- ☐ More than 60 hours per week

办公空间运动行为影响因素量表（英）

The Office Exercise Behavior Determinants Scale

Factors	Determinants	Items
Intrinsic Motivation	Competence	1. I think I am pretty good at physical activities. 2. I put a lot of effort into physical activity. 3. I think I do pretty well at physical activity，compared to my peers. 4. I haven't tried very hard to do well at physical activities. 5. I try very hard at physical activity. 6. I am pretty skilled at the level of exercise that I do. 7. I haven't put much energy into doing physical activity.
	Enjoyment	8. I enjoy participating in exercise very much. 9. Exercise is fun to do. 10. I think that physical activity is boring. 11. Physical activity does not hold my attention at all. 12. I would describe physical activity as very interesting. 13. I think that physical activity is quite enjoyable.
Extrinsic Motivation	Perceived Health	14. Exercise improves my mental health. 15. Exercise increases my muscle strength. 16. Exercising will keep me from having high blood pressure. 17. My muscle tone is improved with exercise. 18. Exercising improves functioning of my cardiovascular system. 19. My disposition is improved with exercise. 20. Exercising helps me sleep better at night. 21. Exercising improves overall body functioning for me.
Social Environment	Family and Friend Influence	22. Generally speaking，I want to do what my families and friends think I should do.
	Colleague Influence	23. My colleagues would think that I should do some physical activity. 24. Generally speaking，I want to do what my colleagues think I should do.
	Superior Influence	25. My superior would think that I should do some physical activity. 26. Generally speaking，I want to do what my superior think I should do. 27. I will have to do some physical activity because my superior requires it.
Work Environment	Work Pace	28. The work pace in the office influences my exercise behavior.
	Break time	29. The break time in the office influences my exercise behavior.
	Policy of Working Company	30. The policy of company influences my exercise behavior.
	Work Burden	31. The work burden in the office influences my exercise behavior.

办公空间运动行为设计要素研究采用的测量材料（英）

−1 知情同意书

Informed consent form for the experiment "Design Vocabulary of Office Workers' Exercise Behavior"

This document gives you information about the experiment "Design Vocabulary of Office Workers' Exercise Behavior". Before the experiment begins, it is important that you learn about the procedure followed in this experiment and that you give your informed consent for voluntary participation. Please read this document carefully.

Aim and benefit of the experiment

The aim of this experiment is to find out the Design Vocabulary of office workers' exercise behavior. This information is used to better understanding how designers facilitating office workers' exercise behavior, and then make more accurate and persuasive intervention strategies in the context of occupational health.

This experiment is done by Tianmei Zhang, a PhD student in Beijing Institute of Technology.

Procedure

You will first finish a questionnaire about your current physical activities condition together with your occupation condition. Then you will be asked to see 8 sets of videos, after each video you will be asked to finished a short questionnaire about your attitude and feeling with the video.

Risks

The study does not involve any risks, detrimental side effects.

Duration

The experiment will last approximately 60 minutes.

Participants

You were selected because you were registered as participant to the researcher.

Voluntary

Your participation is completely voluntary. You can refuse to participate without giving any reasons and you can stop your participation at any time during the experiment by closing the browser. You can also withdraw your permission to use your experimental data for up to 24 hours after the experiment is finished. All this will have no negative consequences whatsoever.

Compensation

You will be paid 100 CNY for this experiment.

Confidentiality

We will not be sharing personal information about you to anyone outside of the research team. The information that we collect from this research project is used for writing scientific publications and will be reported at group level. It will be completely anonymous and it cannot be traced back to you. No video or audio recordings are made that could identify you. Only the researchers will know your identity and we will lock that information up with a lock and key.

Further information

If you want more information about this experiment you can contact Tianmei Zhang（t.. tianmei.zhang@gmail.com）.

Certificate of Consent

I,（NAME）·· have read and understood this consent form and have been given the opportunity to ask questions.

I have the following responsibilities：perform experimental tasks，and answer the questionnaire to the best of my ability.

By signing this form，I am（NOT ALLOWING/ ALLOWING）the researcher to video tape me as part of this research. Also，I am aware that I can retract this permission at any time （e.g.，after the experiment）.

I agree to voluntarily participate in this study carried out by Tianmei Zhang from Beijing Institute of Technology.

_____   _____

Participant's Signature   Date

-2 收集个人信息问卷

The Design Vocabulary for Office Exercise Behavior Questionnaire

In this survey，you will be asked questions about your feelings of physical exercise. Most people complete the survey in approximately 60 minutes. These details apply to your participation in this survey. By participating in this survey，you first agree to the terms of our consent form.

This part of the questionnaire asks about your occupation and general demographics such as your age and gender.

1. How do you think about your English proficiency?

☐ Basic   ☐ Fluency

☐ Proficient   ☐ Native

2. Your main occupation is _____

☐ Paid full-time work

☐ Paid part-time or casual work

☐ Unemployed and looking for work

☐ Studying or researching

☐ Retired

☐ Others

3. What is your working environment?

☐ Office   ☐ Home

☐ Outdoor   ☐ Factory   ☐ Others

4. Are you：

☐ Male   ☐ Female   ☐ Non-binary

5. How old are you?

☐ Under 20

☐ 20~24

☐ 25~29

☐ 30~34

☐ 35~39

☐ 40~49

☐ 50~59

☐ 60 or over

6. How many years of formal school education（or their equivalent）did you complete（starting with primary school）？

7. Please try to estimate：How many hours do you work per week?

☐ Less than 10 hours per week

☐ 11~20 hours per week

☐ 21~30 hours per week

☐ 31~40 hours per week

☐ 41~50 hours per week

☐ 51~60 hours per week

☐ More than 60 hours per week

☐ 10 years or less

☐ 11 years

☐ 12 years

☐ 13 years

☐ 14 years

☐ 15 years

☐ 16 years

☐ 17 years

☐ 18 years or over

-3 观看视频后填写的问卷

The Design Vocabulary for Office Exercise Behavior Questionnaire

This part of the questionnaire presents a list of statements. For each statement，please indicate how much you agree or disagree.

For example，a statement might be："I like strawberries". To answer the question，choose the answer option（e.g.，Strongly disagree）that most closely matches your opinion.

After seeing this set of videos，please indicate how much you agree or disagree about these statements according to your attitude and feeling of this set of videos.

1. I think I am pretty good at physical activities.

2. I put a lot of effort into physical activity.

3. I think I do pretty well at physical activity，compared to my peers.

4. I haven't tried very hard to do well at physical activities.

5. I try very hard at physical activity.

6. I am pretty skilled at the level of exercise that I do.

7. I haven't put much energy into doing physical activity.

8. Exercise improves my mental health.

9. Exercise increases my muscle strength.

10. Exercising will keep me from having high blood pressure.

11. My muscle tone is improved with exercise.

12. Exercising improves functioning of my cardiovascular system.

13. My disposition is improved with exercise.

14. Exercising helps me sleep better at night.

15. Exercising improves overall body functioning for me.

16. I enjoy participating in exercise very much.

17. Exercise is fun to do.

18. I think that physical activity is boring.

19. Physical activity does not hold my attention at all.

20. I would describe physical activity as very interesting.

21. I think that physical activity is quite enjoyable.

22. Generally speaking，I want to do what my families and friends think I should do.

23. My colleagues would think that I should do some physical activity.

24. Generally speaking，I want to do what my colleagues think I should do.

25. My superior would think that I should do some physical activity.

26. Generally speaking，I want to do what my superior think I should do.

27. I will have to do some physical activity because my superior requires it.

28. The work pace in the office influences my exercise behavior.

29. The break time in the office influences my exercise behavior.

30. The policy of company influences my exercise behavior.

31. The work burden in the office influences my exercise behavior.

If you would like more information about this study，or have a request related to your participation，please contact Tianmei Zhang（t.tianmei.zhang@gmail.com）.

Please note that your participation is completely voluntary and you can stop your participation at any time during the experiment. You can also withdraw your permission to use your experimental data for up to 24 hours after the experiment is finished. All this will have no negative consequences whatsoever.

Thank you very much for your cooperation!

参考文献

[1]   World Health Organization. Constitution of the World Health Organization[R]. Geneva: World Health Organization, 2006.

[2]   OINAS-KUKKONEN H, HARJUMAA M. A systematic framework for designing and evaluating persuasive systems[M]. Persuasive technology. Berlin Heidelberg: Springer, 2008: 164-176.

[3]   FOGG B J. A behavior model for persuasive design[C]. Proceedings of the 4th International Conference on Movement Computing. New York: Association for Computing Machinery, 2009: 1-7.

[4]   FOGG B J. Creating persuasive technologies: an eight-step design process[C]. Proceedings of the 4th International Conference on Persuasive Technology. New York: ACM, 2009: 6.

[5]   OINAS-KUKKONEN H, HARJUMAA M. Persuasive Systems Design: Key Issues, Process Model, and System Features[J]. Communications of the Association for Information Systems, 2009, 24 (1): 28.

[6]   OINAS-KUKKONEN H. Behavior Change Support Systems: A Research Model and Agenda[C]. Persuasive Technology, 2010: 4-14.

[7]   HARPER D. Office design: A study of environment[J]. Building Science, 1966, 1 (4): 317-319.

[8]   汪任平 . 生态办公场所的活性建构体系 [D]. 上海：同济大学，2007.

[9]   BECKER F D. Offices at work. Uncommon workspace strategies that add value and improve performance[M]. San Francisco: Jossey-Bass, 2004.

[10]   ULICH E, Wülser M. Gesundheitsmanagement in Unternehmen: Arbeitspsychologische Perspektiven[M]. Wiesbaden: Springer, 2018.

[11]   ANTONOVSKY A. Health, stress and coping[M]. San Francisco: Jossey-Bass, 1979.

[12]   FORD M T, Cerasoli C P, Higgins J A, Decesare A L. Relationships between psychological, physical, and behavioural health and work performance: A review and meta-analysis[J]. Work & Stress, 2011, 25 (3): 185-204.

[13]   OECD. Implementing the OECD job strategy: Assessing performance and policy[R]. Paris: OECD, 1999.

[14]   COX T, GRIFFTHS A, Rial-Gonzalez E. Research on work-related stress [DB/OL]. Luxembourg: European Agency for Safety and Health at Work, 2000.

[15]   SPARKS K, Faragher B, Cooper C L. Well-being and occupational health in the 21st century workplace[J]. Journal of Occupational and Organizational Psychology, 2001, 74: 489-509.

[16]   ABRAMS H. A Short History of Occupational Health[J]. Journal of Public Health Policy, 2001, 22 (1): 34-80.

[17] CHURCH T S, THOMAS D M, TUDOR-LOCKE C, et al. Trends over 5 Decades in U.S. Occupation-Related Physical Activity and Their Associations with Obesity[J]. PLoS ONE, 2011, 6（5）: e19657.

[18] LANNINGHAM-FOSTER L, NYSSE L J, LEVINE J A. Labor saved, calories lost: The energetic impact of domestic labor-saving devices[J]. Obesity Research, 2003, 11（10）: 1178-1181.

[19] OWEN N, SUGIYAMA T, EAKIN E E, et al. Adults' Sedentary Behavior: Determinants and Interventions[J]. American Journal of Preventive Medicine, 2011, 41: 189-196.

[20] STRAKER L, MATHIASSEN S E. Increased physical work loads in modern work-a necessity for better health and performance? [J]. Ergonomics, 2009, 52（10）: 1215-1225.

[21] World Health Organization. Physical inactivity a leading cause of disease and disability, warns WHO[EB/OL]. https://www.who.int/mediacentre/news/releases/release23/en/, 2021-02-10.

[22] THORPE A, DUNSTAN D, CLARK B, et al. Stand up Australia: Sedentary behaviour in workers [EB]. Australia: Medibank Private, 2009.

[23] TREMBLAY M S, AUBERT S, BARNES J D, et al. Sedentary Behavior Research Network（SBRN）Terminology Consensus Project Participants[J]. Int J Behav Nutr Phys Act, 2017, 14: 75.

[24] CHOI B, SCHNALL P L, YANG H, et al. Sedentary work, low physical job demand, and obesity in US workers[J]. American Journal of Industrial Medicine, 2010, 53（11）: 1088-1101.

[25] SMITH L, MCCOURT O, SAWYER A, et al. A review of occupational physical activity and sedentary behaviour correlates[J]. Occupational Medicine, 2016, 66（3）: 185-192.

[26] CASTILLO-RETAMAL M, HINCKSON E A. Measuring physical activity and sedentary behaviour at work: A review[J]. Work, 2011, 40（4）: 345-354.

[27] PARRY S, STRAKER L. The contribution of office work to sedentary behaviour associated risk[J]. BMC Public Health, 2013, 13（1）: 296.

[28] THORP A A, HEALY G N, WINKLER E, et al. Prolonged sedentary time and physical activity in workplace and non-work contexts: A cross-sectional study of office, customer service and call centre employees[J]. International Journal of Behavioral Nutrition and Physical Activity, 2012, 9（1）: 1-9.

[29] HUBERMAN M, MINNS C. The times they are not changing: Days and hours of work in Old and New Worlds, 1870-2000[J]. Explorations in Economic History, 2007, 44（4）: 538-567.

[30] THORP A A, OWEN N, NEUHAUS M, et al. Sedentary Behaviors and Subsequent Health Outcomes in Adults: A Systematic Review of Longitudinal Studies, 1996-2011[J]. American Journal of Preventive Medicine, 2011, 41: 207-215.

[31] ALLISON D B, FONTAINE K R, MANSON J A E, et al. Annual deaths attributable to obesity in the United States[J]. Journal of the American Medical Association, 1999, 282 (16): 1530-1538.

[32] BLAIR S N. Influences of Cardiorespiratory Fitness and Other Precursors on Cardiovascular Disease and All-Cause Mortality in Men and Women[J]. JAMA, 1996, 276 (3): 205-210.

[33] SHEPHARD R J, BOUCHARD C. Population Evaluations of Health Related Fitness From Perceptions of Physical Activity and Fitness[J]. Canadian Journal of Applied Physiology, 1994, 19 (2): 151-173.

[34] CAMACHO T C, ROBERTS R E, et al. Physical Activity and Depression: Evidence from the Alameda County Study[J]. American Journal of Epidemiology, 1991, 134 (2): 220-231.

[35] VINU W, MOZHI A A. Analyses of subject well-being on exercising men, women students and sedentary men, women students[J]. Indian Journal of Public Health Research and Development, 2019, 10 (9): 379-384.

[36] BEACH T A C, PARKINSON R J, STOTHART J P, et al. Effects of prolonged sitting on the passive flexion stiffness of the in vivo lumbar spine[J]. Spine Journal, 2005, 5 (2): 145-154.

[37] WYNNE-JONES G, WINDT D, ONG B N, et al. Perceptions of health professionals towards the management of back pain in the context of work: A qualitative study[J]. BMC Musculoskeletal Disorders, 2014, 15 (1): 1-10.

[38] THIVEL D, TREMBLAY A, GENIN P M, et al. Physical Activity, Inactivity, and Sedentary Behaviors: Definitions and Implications in Occupational Health[J]. Front Public Health, 2018, 6: 288.

[39] SAIDJ M, MENAI M, CHARREIRE H, et al. Descriptive study of sedentary behaviours in 35, 444 French working adults: cross-sectional findings from the ACTI-Cites study[J]. BMC Public Health, 2015, 15: 379.

[40] GENIN P M, DESSENNE P, FINAUD J, et al. Health and fitness benefits but low adherence rate: effect of a 10-month onsite physical activity program among tertiary employees[J]. J Occup Environ Med, 2018, 60: e455-462.

[41] ROSENBERG D E, LEE I M, YOUNG D R, et al. Novel strategies for sedentary behavior

research[J]. Med Sci Sports Exerc, 2015, 47: 1311-1315.

[42] ALDANA S G, MERRILL R M, PRICE K, et al. Financial impact of a comprehensive multisite workplace health promotion program[J]. Preventive Medicine, 2005, 40 (2): 131-137.

[43] BIZE R, PLOTNIKOFF R C. The relationship between a short measure of health status and physical activity in a workplace population[J]. Psychology, Health & Medicine, 2009, 14 (1): 53-61.

[44] WINDLINGER L. Effective workplaces: contributions of spatial environments and job design — A study of demands and resources in contemporary Swiss offices[D]. London: University College, 2012.

[45] JANSER M, WINDLINGER L, LEIBLEIN T, et al. Leitfaden für Nachhaltige Bürogebäude [EB/ OL]. www.nachhaltigebueros.ch, 2019-11-02.

[46] KRAUSE K, BASLER M, BÜRKI E. BGM voranbringen mit Wirkungsüberprüfungen — ein Leitfaden für Betriebe [EB/OL]. https: //promotionsante.ch, 2019-11-18.

[47] ZERELLA S, VON TREUER K, ALBRECHT S L. The influence of office layout features on employee perception of organizational culture[J]. Journal of Environmental Psychology, 2017, 54: 1-10.

[48] MEIJER E M, FRINGS-DRESEN M H W, SLUITER J K. Effects of office innovation on office workers' health and performance[J]. Ergonomics, 2009, 52 (9): 1027-1038.

[49] LAURENCE G A, FRIED Y, SLOWIK L H.《My space》: A moderated mediation model of the effect of architectural and experienced privacy and workspace personalization on emotional exhaustion at work[J]. Journal of Environmental Psychology, 2013, 36: 144-152.

[50] CHRISTOPHER J. A meta-analysis of the effectiveness of health belief model variables in predicting behavior[J]. Health Communication, 2010, 25 (8): 661-669.

[51] MORRIS D, WILSON L. Utilization of the Health Belief Model to investigate smoking behaviors and attitudes of nurses and nursing assistants[J]. Research Quarterly for Exercise and Sport, 2005, 76 (1): 43.

[52] ROBERT R, TOWELL T, GOLDING J. Foundations of Health Psychology[J]. PALGRAVE, 2001: 303.

[53] MELAMED S, RABINOWITZ S, FEINER M, et al. Usefulness of the protection motivation theory in explaining hearing protection device use among male industrial workers[J]. Health Psychology, 1996, 15 (3): 209-215.

[54] ROGERS R W. A protection motivation theory of fear appeals and attitude change[J]. Journal of Psychology, 1975, 91（1）: 93-114.

[55] ROGERS R W. Cognitive and physiological processes in fear appeals and attitude change: A Revised theory of protection motivation[C]. Social Psychophysiology. New York: Guilford Press, 1983: 469-479.

[56] PRENTICE-DUNN S, ROGERS R W. Protection motivation theory and preventive health: beyond the health belief model[J]. Health Education Research, 1986, 1（3）: 153-161.

[57] RIPPETOE P A, ROGERS R W. Effects of components of protection-motivation theory on adaptive and maladaptive coping with a health threat[J]. Journal of Personality and Social Psychology, 1987, 52（3）: 596-604.

[58] MILNE S, ORBELL S, SHEERAN P. Combining motivational and volitional interventions to promote exercise participation: protection motivation theory and implementation intensions[J]. British Journal of Health Psychology, 2002, 7: 163-184.

[59] BAKKER A B, BUUNK B P, SIERO F W. Condom use among hetero-sexuals: a comparison of the theory of planned behavior, the health belief model and protection motivation theory[J]. Gedrag Gezond, 1993, 21（5）: 238-258.

[60] RUNGE C, PRENTICE-DUNN S, SCOGIN F. Protection motivation theory and alcohol use attitudes among older adults[J]. Psychological Report, 1993, 73（1）: 96-98.

[61] LI X, FANG X, LIN D, et al. HIV STD risk behaviors and perceptions among rural-to-urban migrants in China[J]. AIDS Education and Prevention, 2004, 16（6）: 538-556.

[62] ZHANG H, STANTON B, LI X, et al. Perceptions and attitudes regarding sex and condom use among Chinese college students: a qualitative study[J]. AIDS and Behavior, 2004, 8（2）: 105-117.

[63] AJZEN I. From Intentions to Actions: A Theory of Planned Behavior. Action Control[C]. Berlin, Heidelberg: Springer Berlin Heidelberg, 1985: 11-39.

[64] SHEERAN P, CONNER M, NORMAN P. Can the theory of planned behavior explain patterns of health behavior change? [J]. Health Psychology, 2001, 20（1）: 12-19.

[65] SIDERIDIS G D, KAISSIDIS A, PADELIADU S. Comparison of the theories of reasoned action and planned behavior[J]. British Journal of Educational Psychology, 1998, 68: 563-580.

[66] PROCHASKA J O, REDDING C, EVERS K. The transtheoretical model and stages of change[C]// GLANZ K, RIMER B K, VISWANATH K. Health behavior and health education. San Francisco:

Jossey-Bass，2015：125-147.

[67] HALL K L，ROSSI J S. Meta-analytic examination of the strong and weak principles across 48 health behaviors[J]. PrevMed，2008，46（3）：266-274.

[68] BANDURA A. Social foundations of thought and action：a social cognitive theoiy[M]. New Jersey：Prentice Hall，1986.

[69] BANDURA A. Social cognitive theory of mass communication[C]//BRYANT J，OLIVER M B. Media Effects：Advances in Theory and Research. New York：Routledge，2008：94-124.

[70] The Social Cognitive Theory [EB/OL]. sphweb.bumc.bu.edu，2021-06-23.

[71] FISHER J D，FISHER W A. Changing AIDS-risk behavior[J]. Psychological Bulletin，1992，111：455-474.

[72] FISHER J D，FISHER W A，MISOVICH S J，et al. Changing AIDS risk behavior：effects of an intervention emphasizing AIDS risk reduction information，motivation，and behavioral skills in a college student population[J]. Health Psychol，1996，15（2）：114-123.

[73] FISHER W A，FISHER J D，HARMAN J. Information-Motivation-Behavioral Skills Model：a general social psychological approach to understanding and promoting health behavior[C]. Suls J，Wallston K A. Social Psychological Foundations of Health and Illness. MA：Black-well，2003：82-106.

[74] BRYAN A D，FISHER J D，BENZIGER T J. Determinants of HIV risk among Indian truck drivers[J]. Soc Sci Med，2001，53（11）：1413-1426.

[75] MITTAL M，SENN T E，CAREY M P. Intimate partner violence and condomuse among women：does the information-motivation-behavioral skills model explain sexual risk behavior[J]. AIDS Behavior，2012，16（4）：1011-1019.

[76] AIKEN L R. 态度与行为 [M]. 北京：中国轻工业出版社，2008.

[77] MCLEOD S. Cognitive Dissonance [EB/OL]. http：//www.simplypsychology.org/cognitive-dissonance.html，2021-2-20.

[78] SALLIS J F，HOVELL M F. Determinants of Exercise Behavior[J]. Exercise and Sport Sciences Reviews 1990，18：307-330.

[79] SHERWOOD N E，JEFFERY R W. The Behavioral Determinants of Exercise：Implications for Physical Activity Interventions[J]. Annual Review of Nutrition，2000，20：21-44.

[80] NIES M A，VOLLMAN M，COOK T. Facilitators，Barriers，and Strategies for Exercise in European American Women in the Community[J]. Public Health Nursing，1998，15：263-272.

[81] FREDERICK C M, RYAN R M. Differences in Motivation for Sport and Exercise and Their Relations with Participation and Mental Health[J]. Journal of Sport Behavior 1993, 16: 124.

[82] DECI E L, RYAN R M. The General Causality Orientations Scale: Self-Determination in Personality[J]. Journal of Research in Personality, 1985, 19: 109-134.

[83] BIDDLE S J H, MUTRIE N. Psychology of Physical Activity: Determinants, Well-Being and Interventions[M]. London: Routledge, 2001.

[84] MCAULEY E, JACOBSON L. Self-Efficacy and Exercise Participation in Sedentary Adult Females[J]. American Journal of Health Promotion, 1991, 5: 185-207.

[85] MARCUS, BESS H, RAKOWSKI, et al. Assessing Motivational Readiness and Decision Making for Exercise[J]. Health Psychology, 1992, 11: 257-261.

[86] HOVELL M, SALLIS J, HOFSTETTER R, et al. Identification of Correlates of Physical Activity Among Lation Adults[J]. J Community Health. 1991, 16（1）: 23-36.

[87] BRAWLEY L R. The Practicality of Using Social Psychological Theories for Exercise and Health Research and Intervention[J]. Journal of Applied Sport Psychology, 1993, 5: 99-115.

[88] REYNOLDS K D, KILLEN J D, BRYSON S W, et al. Psychosocial Predictors of Physical Activity in Adolescents[J]. Preventive Medicine, 1990, 19: 541-551.

[89] SALLIS J F, HOVELL M F, RICHARD H C, et al. A Multivariate Study of Determinants of Vigorous Exercise in a Community Sample[J]. Preventive Medicine, 1989, 18: 20-34.

[90] KING A C, HASKELL W L, TAYLOR C B, et al. Group- vs Home-Based Exercise Training in Healthy Older Men and Women: A Community-Based Clinical Trial[J]. JAMA: The Journal of the American Medical Association, 1991, 266: 1535-1542.

[91] CARRON A V, HAUSENBLAS H A, MACK D. Social Influence and Exercise: A Meta-Analysis[J]. Journal of Sport and Exercise Psychology, 1996, 18: 1-16.

[92] JOHNSON C A, CORRIGAN S A, DUBBERT P M, et al. Perceived Barriers to Excercise and Weight Control Practices in Community Women[J]. Women and Health, 1990, 16: 177-191.

[93] CALFAS K J, TAYLOR W C. Effects of Physical Activity on Psychological Variables in Adolescents[J]. Pediatric Exercise Science, 2016, 6: 406-423.

[94] DISHMAN R K, SALLIS J F, ORENSTEIN D R. The Determinants of Physical Activity and Exercise[J]. Public Health Reports, 1985, 100: 158-171.

[95] HUNTER J R, GORDON B A, BIRD S R, et al. Perceived Barriers and Facilitators to Workplace Exercise Participation[J]. International Journal of Workplace Health Management, 2018, 11:

349–363.

[96] MAZZOLA J J, MOORE J T, ALEXANDER K. Is Work Keeping Us from Acting Healthy? How Workplace Barriers and Facilitators Impact Nutrition and Exercise Behaviors[J]. Stress and Health, 2016, 33（5）: 479–489.

[97] EDMUNDS S, HURST L, HARVEY K. Physical Activity Barriers in the Workplace: An Exploration of Factors Contributing to Non-Participation in a UK Workplace Physical Activity Intervention[J]. International Journal of Workplace Health Management, 2013, 6: 227–240.

[98] DAS B M, RINALDI-MILES A I, EVANS E M. Exploring Faculty and Staff PA Barriers at a Large University[J]. Californian Journal of Health Promotion, 2013, 11: 61–72.

[99] BROWN T C, VOLBERDING J, BAGHURST T, et al. Faculty/Staff Perceptions of a Free Campus Fitness Facility[J]. International Journal of Workplace Health Management, 2014, 7: 156–170.

[100] CIALDINI R B. Influence: The psychology of persuasion[M]. 北京: 北方联合出版公司, 2016.

[101] FOGG B J. A Behavior Model for Persuasive Design[C]. France: Proceedings of the 4th International Conference on Persuasive Technology, 2009.

[102] FOGG B J. Persuasive Technology: Using Computers to Change What We Think and Do[J]. Ubiquity, 2002, 9: 1–30.

[103] BUCHANAN R. Design and the new rhetoric: Productive arts in the philosophy of culture[J]. Philosophy and Rhetoric, 2001, 34（3）: 197.

[104] 塞勒. 助推 [M]. 北京: 中信出版社, 2009.

[105] FOGG B J. Captology [EB/OL]. http: //captology.stanford.edu/, 2019–02–16.

[106] FOGG B J. The Behavior Grid: 35 Ways Behavior Can Change[C]. Proceedings of the 4th International Conference on Persuasive Technology, Persuasive 2009. New York: ACM, 2009: 7.

[107] DUNN J R, SCHWEITZER M E. Feeling and Believing: The Influence of Emotion on Trust[J]. Journal of Personality and Social Psychology, 2005, 88（5）: 736.

[108] WAN AHMAD W N. Development of Emotion-based trust Model for Desinginig Persuasive Application[R]. Padova, Italy: 9th International Conference on Persuasive Technology, Persuasvie 2014, 2014.

[109] AHMAD W N W, ALI N M. A Study on Persuasive Technologies: The Relationship between User Emotions, Trust and Persuasion[J]. International Journal of Interactive Multimedia and Artificial Intelligence, 2018, 5（1）: 57–61.

[110] LOCKTON D，HARRISON D，STANTON N A. The Design with Intent Method：a design toolfor influencing user behaviour[J]. Applied Ergonomics，2010，41（3）：382.

[111] LOCKTON D，HARRISON D，HOLLEY T，et al. Influencing Interaction：Development of the Design with Intent Method[R]. Claremont，CA：4th International Conference on Persuasive Technology，Persuasive，2009.

[112] LOCKTON D，HARRISON D，STANTON N A. Design for Behaviour Change：The Designwith Intent Toolkit[EB]. http：//designwithintent.co.uk，2019-10-22.

[113] 张惺. 广告劝服与精细加工可能性理论[J]. 现代视听，2007，11（1）：44-47.

[114] 张放. 图书附带广告的传播策略——基于 ELM 理论的实证研究[J]. 出版发行研究，2008，4（1）：35-38.

[115] CACIOPPO J T，PETTY R E. Source factors and the elaboration likelihood model of persuasion[J]. Advances in Consumer Research，1984，19（4）：123-205.

[116] PETTY R E，CACIOPPO J T. The elaboration likelihood model of persuasion[C]. Advances in Experimental Social Psychology London，England：Elsevier，1986：124-129.

[117] OINAS-KUKKONEN H. Behavior Change Support Systems：The Next Frontier for Web Science[C]. Proceedings of the Second International Web Science Conference. Raleigh，NC，US，2010：1-8.

[118] WENDEL S. Designing for Behavior Change[M]. 南京：东南大学出版社，2014.

[119] MICHIE S，STRALEN M M，WEST R. The behaviour change wheel：A new method for characterising and designing behaviour change interventions[J]. Implementation Sci. 2011，6（1）：42.

[120] LOGAN T K，COLE J，LEUKEFELD C. Women，sex and HIV：social and contextual factors，meta-analysis of published interventions，and implications for practice and research[J]. Psychological Bulletin，2002，128（6）：851-885.

[121] 顾磊. 劝导技术及其设计评估的分析[J]. 电脑知识与技术，2008，25：1460-1461.

[122] 刘柏松，辛向阳. 移动应用 APP 中劝导式设计方法研究[J]. 包装工程，2017，38（22）：131-134.

[123] 刘柏松. 基于劝导式设计的 APP 粘性行为机制研究[D]. 无锡：江南大学，2017.

[124] 娄舒婷，邓嵘，曹恩国. 劝导式设计在 APP 中的可视化方法研究[J]. 包装工程，2017，38（14）：85-88.

[125] 娄舒婷. 面向 APP 交互界面的劝导式设计研究[D]. 无锡：江南大学，2018.

[126] 周逸沁. Fogg 行为模型在移动互联网产品设计中的应用研究 [D]. 杭州：浙江工业大学，2017.

[127] 张露芳，周逸沁. Fogg 行为模型在互联网产品设计中的应用 [J]. 包装工程，2018，39（4）：159-163.

[128] 邓嵘，周阳. 劝导设计在互联网产品设计中的应用研究 [J]. 包装工程，2018，39（6）：176-180.

[129] 林丹，巩淼森. 劝导式设计在共享电动汽车服务中的应用 [J]. 大众文艺，2019（6）：138-139.

[130] 焦玉霞. 电子商务网站的劝导设计研究与应用 [D]. 大连：大连海事大学，2009.

[131] 唐晓兰. 电子商务数据产品的劝导式设计研究 [D]. 长沙：湖南大学，2012.

[132] 郭利娜，余小鸣，张芯，等. 大学生健康素养核心信息精确概率劝导模型分析结果评价 [J]. 中国学校卫生，2012，33（7）：794-797.

[133] 盛泽晗. 小学创客空间线上教学平台的劝导式设计研究 [D]. 无锡：江南大学，2017.

[134] 盛泽晗，蒋晓. 劝导式设计在创客教育产品中的设计研究 [J]. 设计，2017（9）：54-55.

[135] 李卿. 具有劝导特性的儿童教育类互动产品设计研究 [D]. 北京：北京理工大学，2015.

[136] 左腾嘉. 设计遏制再犯罪 [D]. 无锡：江南大学，2018.

[137] 张家祺，邱湜. 用户行为劝导设计研究 [J]. 设计，2014（9）：188-189.

[138] 郑泽铭. 人的坐姿检测方法及行为劝导研究 [D]. 杭州：浙江大学，2013.

[139] 张玕. 劝导设计及其在健康行为导向型产品中的应用研究 [D]. 无锡：江南大学，2014.

[140] 周阳，邓嵘. 以目标为导向的家庭药物管理产品系统设计 [J]. 包装工程，2018，39（2）：202-208.

[141] 薛凌霙. 以目标为导向的老年人在线学习移动应用设计研究 [D]. 成都：西南交通大学，2018.

[142] 史千南. 以目标为导向的创意校园交互平台设计研究 [D]. 南京：东南大学，2015.

[143] 谢坤桃. 以用户场景需求目标为导向的手机桌面新闻应用设计研究 [D]. 秦皇岛：燕山大学，2016.

[144] 徐飞. 以目标为导向的城市公共自行车 APP 设计研究 [D]. 成都：西南交通大学，2016.

[145] 杨冰瑶. 以多元化需求目标为导向的手机视频应用界面设计研究 [D]. 秦皇岛：燕山大学，2014.

[146] 孙敏. 交互设计中的行为研究与目标导向 [D]. 苏州：苏州大学，2007，47-49.

[147] 以行为为中心的设计 [EB/OL]. http：//udc.weibo.com/，2019-11-28.

[148] 王芷璇，丁伟.基于用户无意识行为的劝导式交互研究 [J].设计，2018，（9）：65-67.

[149] 辛向阳.交互设计：从物理逻辑到行为逻辑 [J].装饰，2015，（1）：58-62.

[150] 孙辛欣，李世国，靳文奎.孙基于用户无意识行为的交互设计研究 [J].包装工程，2011，（20）：69-72.

[151] 闫丁.社会认同理论及研究现状 [J].心理技术与应用，2016，4（9）：549-560.

[152] 徐玲，白文飞.习惯形成机制的理论综述 [J].北京体育大学学报，2005，28（5）：618-620.

[153] 边静雅.具有劝导特性的人机交互设计与评估方法 [D].上海：上海交通大学，2010.

[154] 潘斐.劝导式设计在交通安全领域的应用 [J].大众文艺，2019，（7）：111.

[155] 宋小芹.分析计算机劝导技术伦理 [J].中国新通信，2016，18（1）：21-22.

[156] 周成龙.计算机劝导技术的伦理审视 [J].理论探索，2015，（2）：60-64.

[157] 张卫，王前.劝导技术的伦理意蕴 [J].道德与文明，2012，（1）：102-106.

[158] 孟娇.劝导式设计理论在健康生活方式相关产品中的应用研究 [J].设计，2015，（4）：95-96.

[159] 孟娇.面向健康生活方式的劝导式设计研究 [D].无锡：江南大学，2015.

[160] 甘为，胡飞.移动健康促进产品的劝导机制设计与应用研究 [J].装饰，2016，（9）：68-69.

[161] 孙朝阳.白领人群移动健康管理应用的用户体验研究 [D].上海：华东理工大学，2017.

[162] 周洁，夏静，顾琳燕，等.劝导技术及其在自我健康管理中的应用与发展 [J].中国生物医学工程学报，2015，34（1）：77-82.

[163] 周洁.基于劝导技术的自我健康管理策略研究 [D].杭州：浙江大学，2014.

[164] 曹恩国，娄舒婷，邓嵘.劝导式设计在运动健康类 APP 中的应用 [J].包装工程，2017，38（16）：232-235.

[165] 韦含宇.运动健康类移动应用中的劝导式设计应用研究——以"walkup"APP 设计为例 [J].艺术科技，2015，28（12）：58-59.

[166] 安娃.健康生活方式的交互行为设计研究 [J].美术学报，2018，（2）：82-88.

[167] 余小鸣，苏小路，潘勇平，等.劝导模型在青少年进食障碍预防教育中的应用探索 [J].中国儿童保健杂志，2010，（7）：626-628.

[168] 胡振明.基于劝导理论的糖尿病人自我健康管理服务设计研究 [D].徐州：中国矿业大学，2017.

[169] 蔡金芷.基于慢性病的个人健康管理系统初步研究 [D].重庆：重庆大学，2017.

[170] 袁美全，蔡惠芳，李雅娟，等．劝导技术在消化性溃疡患者健康管理中的应用研究 [J]. 护理与康复，2017，16（5）：415-418.

[171] 洪翔，陈香．基于健康管理下的习惯性劝导式设计方法研究 [J]. 设计，2018，（14）：102-104.

[172] 洪翔．青年糖尿病健康管理劝导式设计研究 [D]. 无锡：江南大学，2018.

[173] 周阳．基于劝导式设计的慢性病健康管理策略研究 [D]. 无锡：江南大学，2017.

[174] 尤晓莉．劝导技术在睡眠障碍患者健康管理中的应用 [J]. 中外女性健康研究，2019，（5）：10-11.

[175] 武笑宇，辛向阳．劝导用户行为改变的游戏化设计应用 [J]. 包装工程，2017，38（20）：194-198.

[176] 张博文，王峰．劝导式设计视角下手机游戏引导策略探究 [J]. 大众文艺，2019，（3）：109-110.

[177] SHIN Y，KIM J. Data-centered persuasion：Nudging user's prosocial behavior and designing social innovation[J]. Computers in Human Behavior，2018，80（80）：158-167.

[178] ODUOR M，ALAHÄIVÄLÄ T，OINAS-KUKKONEN H. Persuasive software design patterns for social influence[J]. Personal and Ubiquitous Computing，2014，18（7）：1737-1752.

[179] YAMAKAMI T. Mobile Social Game Design from the Perspective of Persuasive Technology[C]. International Conference on Network-based Information Systems. New York：IEEE Computer Society，2012：221-225.

[180] PONNADA A，KETAN K V，YAMMIYAVAR P. A Persuasive game for social development of children in Indian cultural context — A Human Computer Interaction design approach[C]. Intelligent Human Computer Interaction（IHCI），2012 4th International Conference on. New York：IEEE，2012：1-6.

[181] LEE H，TSOHOU A，CHOI Y. Embedding persuasive features into policy issues：Implications to designing public participation processes[J]. Government Information Quarterly，2017，34（4）：591-600.

[182] MURANKO Z，ANDREWS D，CHAER I，et al. Circular economy and behaviour change：Using persuasive communication to encourage pro-circular behaviours towards the purchase of remanufactured refrigeration equipment[J]. Journal of Cleaner Production，2019，222（222）：499-510.

[183] COMBER R，THIEME A. Designing beyond habit：opening space for improved recycling and

food waste behaviors through processes of persuasion, social influence and aversive affect[J]. Personal and Ubiquitous Computing, 2013, 17 (6): 1197−1210.

[184] MORREALE P, LI J J, MCALLISTER J, et al. Mobile Persuasive Design for HEMS Adaptation[J]. Procedia Computer Science, 2015, 52 (1): 764−771.

[185] EDWARDS H M, MCDONALD S, ZHAO T, et al. Design requirements for persuasive technologies to motivate physical activity in adolescents: a field study[J]. Behaviour & Information Technology, 2014, 33 (9): 968−986.

[186] CHIU M, CHEN C C, CHANG S, et al. Motivating the motivators: Lessons learned from the design and evaluation of a social persuasion system[J]. Pervasive and Mobile Computing, 2014, 10 (10): 203−221.

[187] SALIM F D. Towards Adaptive Mobile Mashups: Opportunities for Designing Effective Persuasive Technology on the Road[C]. IEEE International Conference on Advanced Information Networking & Applications Workshops. New York: IEEE, 2010: 7−11.

[188] WALTER L M, KRYSIK J. Design Imperatives to Enhance Evidence−Based Interventions with Persuasive Technology: A Case Scenario in Preventing Child Maltreatment[J]. Journal of Technology in Human Services, 2008, 26 (2−4): 397−422.

[189] MICHAEL J A, PARUSH W A, KIM H S, et al. Building it better: Applying human−computer interaction and persuasive system design principles to a monetary limit tool improves responsible gambling[J]. Computers in Human Behavior, 2014, 37 (37): 124−132.

[190] WILLIAMS E J, POLAGE D. How persuasive is phishing email? The role of authentic design, influence and current events in email judgements[J]. Behaviour & Information Technology, 2019, 38 (2): 184−197.

[191] ZAKARIA N H, KATUK N. Towards designing effective security messages: Persuasive password guidelines[C]. International Conference on Research & Innovation in Information Systems. New York: IEEE, 2013: 129−134.

[192] SONIA C, ELIZABETH S, ALAIN F, et al. Persuasive Cued Click−Points: Design, Implementation, and Evaluation of a Knowledge−Based Authentication Mechanism[J]. IEEE Transactions on Dependable and Secure Computing, 2012, 9 (2): 222−235.

[193] CYR D, HEAD M, LIM E, et al. Using the elaboration likelihood model to examine online persuasion through website design[J]. Information & Management, 2018, 55 (7): 807−821.

[194] DUARTE C. The Seductive Web: Technology as a Tool for Persuasion A Relativist Methodology

for Website Design[J]. NATO Science for Peace and Security Series，E：Human and Societal Dynamics，2007，25（25）：169-187.

[195] DORMANN C. Persuasive interface：Designing for the WWW[C]. Professional Communication Conference，1997. IPCC'97 Proceedings. Crossroads in Communication. 1997 IEEE International. New York：IEEE，1997：345-353.

[196] LEE W，GRETZEL U. Designing persuasive destination websites：A mental imagery processing perspective[J]. Tourism Management，2012，33（5）：1270-1280.

[197] WINN W. The persuasive power of pathos in e-commerce Web design：a new area for research[C]. IEEE International & Conference on Professional Communication Conference. New York：IEEE，2000：155-160.

[198] JOHN W. Persuasive Design：Putting It to Use[J]. Bulletin of the American Society for Information Science and Technology，2011，37（6）：16-21.

[199] HASLE P. Persuasive design：a different approach to information systems[J]. Library Hi Tech，2011，29（4）.

[200] FAISAL S，AZIATI A H，NOR N，et al. Persuasive System Design for Global Acceptance of Smartphone Apps[J]. Procedia Computer Science，2019，152（152）：44-50.

[201] CHENG Y，LEE C. Persuasive and engaging design of a Smartphone App for cycle commuting[J]. The Journal of Mobile User Experience，2015，4（1）：1-5.

[202] YAMAKAMI T. Toward Mass Interpersonal Persuasion Marketing：Design guidelines for a new type of Internet marketing[C]. Advanced Communication Technology（ICACT），2013 15th International Conference on. New York：IEEE，2013：336-340.

[203] ALHAMMAD M M，GULLIVER S R. Context Relevant Persuasive Interaction and Design：Consideration of Human Factors Influencing B2C persuasive interaction[C]. Proceedings of the ITI 2013 35th International Conference on Information Technology Interfaces. New York：IEEE，2013.

[204] CREMONESI P，GARZOTTO F，Turrin R. Investigating the Persuasion Potential of Recommender Systems from a Quality Perspective[J]. ACM Transactions on Interactive Intelligent Systems（TiiS），2012，2（2）：1-41.

[205] KAREKLAS I，DARREL D. King M S. The effect of color and self-view priming in persuasive communications[J]. Journal of Business Research，2019，98（98）：33-49.

[206] HA S，HUANG R，PARK J. Persuasive brand messages in social media：A mental imagery

processing perspective[J]. Journal of Retailing and Consumer Services，2019，48（48）：41-49.

[207] KENNEDY Z，BIDDLE C. The Role of Instructional Design in Persuasion：A Comics Approach for Improving Cybersecurity[J]. International Journal of Human-Computer Interaction，2016，32（3）：215-257.

[208] DEWI Y，WIDYASARI L，NUGROHO L E，et al. Persuasive technology for enhanced learning behavior in higher education[J]. International Journal of Educational Technology in Higher Education，2019，16（1）：1-16.

[209] DAUD N Z，ASHAARI N S，MUDA Z. An Initial Model of Persuasive Design in Web based Learning Environment[J]. Procedia Technology，2013，11（11）：895-902.

[210] NG K H，BAKRI A，RAHMAN A A. Effects of persuasive designed courseware on children with learning difficulties in learning Malay language subject[J]. Education and Information Technologies，2016，21（5）：1413-1431.

[211] BEHRINGER R，ØHRSTRØM P. Persuasive Design in Teaching and Learning[J]. International Journal of Conceptual Structures and Smart Applications，2013，1（2）：1-5.

[212] ROSMANI A F，WAHAB N A. i-IQRA'：Designing and constructing a persuasive multimedia application to learn Arabic characters[P]. 2011.

[213] VERHEIJ B，SZEIDER S，WOLTRAN S，et al. Mechanism Design for Argumentation-based Persuasion[J]. Frontiers in Artificial Intelligence and Applications，2012，245（1）：322-333.

[214] LIM S F，AILIYA B，MIAO C，et al. The Design of Persuasive Teachable Agent[C]//Advanced Learning Technologies（ICALT），2013 IEEE 13th International Conference on. New York：IEEE，2013：382-384.

[215] JIMÉNEZ S P，CASTILLO V H，SORIANO-EQUIGUA L，et al. A model of agent persuasion based on genetic algorithms：Design considerations[C]//Information Systems & Technologies. New York：IEEE，2013：1-6.

[216] GHAZALI A S，HAM J，BARAKOVA E，et al. Assessing the effect of persuasive robots interactive social cues on users' psychological reactance，liking，trusting beliefs and compliance[J]. Advanced Robotics，2019，33（7-8）：325-337.

[217] CHIDAMBARAM V，CHIANG Y H，MUTLU B. Designing persuasive robots：How robots might persuade people using vocal and nonverbal cues[C]//HRI'12-Proceedings of the 7th Annual ACM/IEEE International Conference on Human-Robot Interaction. New York：ACM，2012：293-300.

[218] TIEBEN R, STURM J, BEKKER T, et al. Playful persuasion: Designing for ambient playful interactions in public spaces[J]. Journal of Ambient Intelligence & Smart Environments, 2014, 6 (4): 341-357.

[219] TATSUO N, VILI L. Designing motivation using persuasive ambient mirrors[J]. Personal and Ubiquitous Computing, 2013, 17 (1): 107-126.

[220] JENNY J L, DEVIN M M. Application of persuasion and health behavior theories for behavior change counseling: Design of the ADAPT (Avoiding Diabetes Thru Action Plan Targeting) program[J]. Patient Education and Counseling, 2012, 88 (3): 460-466.

[221] HAN K J, KIM S. Toward More Persuasive Diabetes Messages: Effects of Personal Value Orientation and Freedom Threat on Psychological Reactance and Behavioral Intention[J]. Journal of health communication, 2019, 24 (2): 95-110.

[222] FERNÁNDEZ-LLATAS C, GARCIA-GOMEZ J M, VICENTE J, et al. Behaviour patterns detection for persuasive design in Nursing Homes to help dementia patients[J]. Conference proceedings: Annual International Conference of the IEEE Engineering in Medicine and Biology Society, 2011, 2011 (4): 6413-6417.

[223] MARCU G, BARDRAM J E, GABRIELLI S. A Framework for Overcoming Challenges in Designing Persuasive Monitoring and Feedback Systems for Mental Illness[C]. Pervasive Computing Technologies for Healthcare (PervasiveHealth), 2011 5th International Conference. USA: Stanford University, 2011: 1-8.

[224] LORI W, ANNA H, KATHRYN B, et al. How do eHealth Programs for Adolescents with Depression Work? A Realist Review of Persuasive System Design Components in Internet-Based Psychological Therapies[J]. Journal of medical Internet research, 2017, 19 (8): e266.

[225] HARRINGTON K M, LIANG M H, KERI H, et al. Design and conduct of a provider survey to determine a clinically persuasive effect size in planning VA Cooperative Study #590 (Li+)[J]. Contemporary clinical trials communications, 2016, 4 (4): 149-152.

[226] ASHLEY R D, LORI W, PATRICK M, et al. Design and Delivery Features That May Improve the Use of Internet-Based Cognitive Behavioral Therapy for Children and Adolescents With Anxiety: A Realist Literature Synthesis with a Persuasive Systems Design Perspective[J]. Journal of medical Internet research, 2019, 21 (2): e11128.

[227] MACHI S, TAKASHI Y, HIROYUKI Y. Responses to persuasive messages encouraging professional help seeking for depression: comparison between individuals with and without

psychological distress[J]. Environmental health and preventive medicine，2019，24（1）：29.

[228] TURNHOUT K，JEURENS J，VERHEY M，et al. The Healthy Elderly：Case Studies in Persuasive Design[J]. Interaction Design and Architecture（s），2015（23）：160-172.

[229] LOOIJE R，NEERINCX M A，CNOSSEN F. Persuasive robotic assistant for health self-management of older adults：Design and evaluation of social behaviors[J]. International Journal of Human - Computer Studies，2010，68（6）：386-397.

[230] ALBAINA I M，VISSER T，MAST V，et al. Flowie：A persuasive virtual coach to motivate elderly individuals to walk[C]. International Conference on Pervasive Computing Technologies for Healthcare. New York：IEEE，2009：1-7.

[231] MOHADIS H M，ALI N M，SMEATON A F. Designing a persuasive physical activity application for older workers：understanding end-user perceptions[J]. Behaviour & Information Technology，2016，35（12）：1102-1114.

[232] LAURENCE A，ROB D，HARMEN B. Embedding persuasive design for self-health management systems in Dutch healthcare informatics education：Application of a theory-based method[J]. Health informatics journal，2018，25（4）：1631-1646.

[233] SHIH L. Persuasive Design for Products Leading to Health and Sustainability Using Case-Based Reasoning[J]. Sustainability，2016，8（4）：1-14.

[234] COOREY G，NEUBECK L，PEIRIS D，et al. Incorporating Principles of Persuasive System Design into the Development of a Consumer-Focussed E-health Strategy Targeting Lifestyle Behaviour Change[J]. Heart，Lung and Circulation，2016，25（25）：327-328.

[235] JUSTIN S M，CATHERINE B，JUSTIN W. Applying Persuasive Design Techniques to Influence Data-Entry Behaviors in Primary Care：Repeated Measures Evaluation Using Statistical Process Control[J]. JMIR human factors，2018，5（4）：e28.

[236] JESSICA W S. Communicating Radiation Risk：The Power of Planned，Persuasive Messaging[J]. Health physics，2019，116（2）：207-211.

[237] KIM M. When Similarity Strikes Back：Conditional Persuasive Effects of Character-Audience Similarity in Anti-Smoking Campaign[J]. Human Communication Research，2019，45（1）：52-77.

[238] ANANTHANARAYAN S S，SIEK K. Persuasive wearable technology design for health and wellness[C]. International Conference on Pervasive Computing Technologies for Healthcare. New York：IEEE，2012：236-240.

[239] BIZE R，PLOTNIKOFF R C. The Relationship between a Short Measure of Health Status and Physical Activity in a Workplace Population[J]. Psychology，Health & Medicine，2009，14：53-61.

[240] PALAN S，SCHITTER C. Prolific-A Subject Pool for Online Experiments[J]. Journal of Behavioral and Experimental Finance，2018，17：22-27.

[241] Prolific[DB/OL]. https：//www.prolific.co/，2020-01-07.

[242] 问卷星 [DB/OL]. https：//www.wjx.cn/，2020-01-26.

[243] GODIN G，Shephard R J. A Simple Method to Assess Exercise Behavior in the Community[J]. Canadian journal of applied sport sciences. Journal canadien des sciences appliquees au sport，1985，10（3）：141-146.

[244] GODIN G. The Godin-Shephard Leisure-Time Physical Activity Questionnaire[J]. The Health & Fitness Journal of Canada，2011，4：18-22.

[245] HAN A. Participation and Effectiveness of Worksite Health Promotion Program[D]. Maryland：University of Maryland，2019.

[246] AJZEN I. The theory of planned behavior[J]. Organizational Behavior and Human Decision Processes，1991，50（2）：179-211.

[247] RYAN R M，DECI E L. Self-determination theory and the facilitation of intrinsic motivation，social development，and well-being[J]. Am. Psychol.，2000，55：68-78.

[248] BANDURA A. Self-efficacy mechanism in human agency[J]. Am. Psychol.，1982，37：122-147.

[249] PROCHASKA J O，DICLEMENTE C C. The Transtheoretical Approach[C]. Handbook of Psychotherapy Integration. Norcross J C，Goldfried M R. New York，NY，USA：Oxford University Press，2005：300-334.

[250] JANZ N K，BECKER M H. The Health Belief Model：A Decade Later[J]. Health Educ. Q.，1984，11：1-47.

[251] REYNOLDS K D，KILLEN J D，BRYSON S W，et al. Psychosocial predictors of physical activity in adolescents[J]. Prev. Med.，1990，19：541-551.

[252] MADDUX J E，ROGERS R W. Protection motivation and self-efficacy：A revised theory of fear appeals and attitude change[J]. J. Exp. Soc. Psychol.，1983，19：469-479.

[253] RYAN R M. Control and information in the intrapersonal sphere：An extension of cognitive evaluation theory[J]. J. Pers. Soc. Psychol.，1982，43：450-461.

[254] LEE R E, NIGG C R, DICLEMENTE C C, et al. Validating Motivational Readiness for Exercise Behavior with Adolescents[J]. Res. Q. Exerc. Sport, 2001, 72: 401−410.

[255] ROGERS R W. A Protection Motivation Theory of Fear Appeals and Attitude Change[J]. J. Psychol., 1975, 91: 93−114.

[256] TAYLOR S, TODD P. Decomposition and crossover effects in the theory of planned behavior: A study of consumer adoption intentions[J]. Int. J. Res. Mark., 1995, 12: 137−155.

[257] BARTHOLOMEW L K, PARCEL G S, KOK G, et al. Planning Health Promotion Programs: An Intervention Mapping Approach[M]. San Francisco, CA: Jossey−Bass, 2006.

[258] TUDOR−LOCKE C, SCHUNA J, FRENSHAM L, et al. Changing the way we work: elevating energy expenditure with workstation alternatives[J]. Int. J. Obes., 2014, 38: 755−765.

[259] CHOI W, SONG A, EDGE D, et al. Exploring user experiences of active workstations: a case study of under desk elliptical trainers[C]. Proceedings of the 2016 ACM International Joint Conference on Pervasive and Ubiquitous Computing (UbiComp'16), Heidelberg, Germany, 12−16 September 2016; Association for Computing Machinery: New York, NY, USA, 2016: 805−816.

[260] FOGG B J. A behavior model for persuasive design[C]. New York: ACM, 2009: 1−7.

[261] BAUMAN A, ALLMAN−FARINELLI M, HUXLEY R, et al. Leisure−Time Physical Activity Alone May Not Be a Sufficient Public Health Approach to Prevent Obesity—A Focus on China[J]. Obes. Rev., 2008, 9: 119−126.

[262] PRONK N P, KOTTKE T E. Physical Activity Promotion as a Strategic Corporate Priority to Improve Worker Health and Business Performance[J]. Prev. Med., 2009, 49: 316−321.

[263] GORM N, SHKLOVSKI I. Sharing Steps in the Workplace: Changing Privacy Concerns over Time[C]. New York: Association for Computing Machinery, 2016: 4315−4319.

[264] AJZEN I, MADDEN T J. Prediction of Goal−Directed Behavior: Attitudes, Intentions, and Perceived Behavioral Control[J]. Journal of Experimental Social Psychology, 1986, 22: 453−474.

[265] TAYLOR S, TODD P. Decomposition and Crossover Effects in the Theory of Planned Behavior: A Study of Consumer Adoption Intentions[J]. International Journal of Research in Marketing, 1995, 12: 137−155.

[266] ABRAHAM C, SHEERAN P, JOHNSTON M. From health beliefs to self−regulation: Theoretical advances in the psychology of action control[J]. Psychology and Health, 1998, 13 (4):

569-591.

[267] AJZEN I, FISBBEIN M. Factors Influencing Intentions and the Intention-Behavior Relation[J]. Human Relations, 1974, 27（1）: 1-15.

[268] CONNER M, NORMAN P. The role of social cognition in health behaviours[C]. Conner M, Norman P. Predicting health behaviour: Research and practice with social cognition models. Open University Press, 1996: 1-22.

[269] GOLLWITZER P M, MOSKOWITZ G B. Goal Effects on Action and Cognition[C]//Higgins E T, Kruglanski A W. Social psychology: Handbook of basic principles. Guilford Press, 1996: 361-399.

[270] MADDUX J E. Expectancies and the social-cognitive perspective: Basic principles, processes, and variables[C]//Kirsch I. How expectancies shape experience. American Psychological Association, 1999: 17-39.

[271] LAPIERE R T. Attitudes vs. Actions[J]. Social Forces, 1934, 13（2）: 230-237.

[272] SHEERAN P. Intention-Behavior Relations: A Conceptual and Empirical Review[J]. European Review of Social Psychology, 2002, 12（1）: 1-36.

[273] AJZEN I, CZASCH C, FLOOD M G. From intentions to behavior: Implementation intention, commitment, and conscientiousness[J]. Journal of Applied Social Psychology, 2009, 39（6）: 1356-1372.

[274] CONNER M, RODGERS W, MURRAY T. Conscientiousness and the intention-behavior relationship: Predicting exercise behavior[J]. Journal of Sport and Exercise Psychology, 2007, 29（4）: 518-533.

[275] RHODES R E, COURNEYA K S, JONES L W. The theory of planned behavior and lower-order personality traits: Interaction effects in the exercise domain[J]. Personality and Individual Differences, 2005, 38（2）: 251-265.

[276] WEBB T L, SHEERAN P. Does changing behavioral intentions engender behavior change? A meta-analysis of the experimental evidence[J]. Psychological Bulletin, 2006, 132（2）: 249-268.

[277] Armitage C J, Conner M. Efficacy of the theory of planned behaviour: A meta-analytic review[J]. British Journal of Social Psychology, 2001, 40（4）: 471-499.

[278] SHEERAN P, ABRAHAM C, ORBELL S. Psychosocial Correlates of Heterosexual Condom Use: A Meta-Analysis[J]. Psychological Bulletin, 1999, 125（1）: 90-132.

[279] ALBARRACÍN D, JOHNSON B T, FISHBEIN M, et al. Theories of reasoned action and planned behavior as models of condom use: A meta-analysis[J]. Psychological Bulletin, 2001, 127: 142-161.

[280] GODIN G, KOK G. The theory of planned behavior: A review of its applications to health-related behaviors[J]. American Journal of Health Promotion, 1996, 11 (2): 87-98.

[281] RANDALL D M, WOLFF J A. The time interval in the intention-behaviour relationship: Meta -analysis[J]. British Journal of Social Psychology, 1994, 33 (4): 405-418.

[282] WEBB T L, SHEERAN P. Does changing behavioral intentions engender behavior change? A meta-analysis of the experimental evidence[J]. Psychological Bulletin, 2006, 132 (2): 249-268.

[283] JACOBS D R, AINSWORTH B E, HARTMAN T J, et al. A simultaneous evaluation of 10 commonly used physical activity questionnaires[J]. Medicine & Science in Sports & Exercise, 1993, 25 (1): 81-91.

[284] SALLIS J F, OWEN N. Physical Activity and Behavioral Medicine[M]. Thousand Oaks, CA: International Educational and Professional Publisher, 1998.

[285] BUCKWORTH J, LEE R E, REGAN G, et al. Decomposing intrinsic and extrinsic motivation for exercise: Application to stages of motivational readiness[J]. Psychology of Sport and Exercise, 2007, 8 (4): 441-461.

[286] SECHRIST K R, WALKER S N, PENDER N J. Development and Psychometric Evaluation of the Exercise Benefit/Barriers Scale[J]. Research in Nursing & Health, 1987, 10 (6): 357-365.

[287] ELLIOT D L, GOLDBERG L, DUNCAN T E, et al. The PHLAME firefighters' study: Feasibility and findings[J]. American Journal of Health Behavior, 2004, 28 (1): 13-23.

[288] HOFSTEDE G, MINKOV M. VSM 2013 VALUES SURVEY MODULE 2013 MANUAL Contents Page [EB/OL]. www.geerthofstede.eu, 2021-1-10.

[289] HARMAN H H. Modern Factor Analysis [M]. Chicago: The University of Chicago Press, 1976.

[290] GERBING D W, HAMILTON J G. Viability of exploratory factor analysis as a precursor to confirmatory factor analysis[J]. Structural Equation Modeling: A Multidisciplinary Journal, 1996, 3 (1): 62-72.

[291] THOMPSON B. Exploratory and Confirmatory Factor Analysis: Understanding Concepts and Applications[M]. Washington, DC: American Psychological Association, 2004.

[292] KAISER H F. An index of factorial simplicity[J]. Psychometrika, 1974, 39 (1): 31-36.

[293] CATTELL R B. The scientific use of factor analysis in behavioral and life sciences[M]. New York: Plenum Press, 1978.

[294] HAIR J F, BLACK W C, BABIN B J, et al. Multivariate data analysis[M]. London: Prentice Hall, 1998.

[295] HAIR J F, HULT G T M, RINGLE C M, et al. A Primer on Partial Least Squares Structural Equation Modeling (PLS-SEM)[M]. Thousand Oaks, CA: Sage, 2016.

[296] CHIOU C F, SHERBOURNE C D, CORNELIO I, et al. Development and validation of the revised Cedars-Sinai health-related quality of life for rheumatoid arthritis instrument[J]. Arthritis Care & Research, 2006, 55 (6): 856-863.

[297] MACCALLUM R C, WIDAMAN K F, ZHANG S, et al. Sample size in factor analysis[J]. Psychological Methods, 1999, 4 (1): 84-99.

[298] SMITH B, CAPUTI P, RAWSTORNE P. The development of a measure of subjective computer experience[J]. Computers in Human Behavior, 2007, 23 (1): 127-145.

[299] WANG Y S, LIAO Y W. The conceptualization and measurement of m-commerce user satisfaction[J]. Computers in Human Behavior, 2007, 23 (1): 381-398.

[300] BRAEKEN J, VAN ASSEN M A L M. An empirical Kaiser criterion[J]. Psychological Methods, 2017, 22 (3): 450-466.

[301] CATTELL R B. The scree test for the number of factors[J]. Multivariate Behavioral Research, 1966, 1 (2): 245-276.

[302] CATTELL R B, JASPERS J. A general plasmode for factor analytic exercises and research[J]. Multivariate Behavioral Research Monographs, 1967, 2 (3): 211.

[303] FABRIGAR L R, MACCALLUM R C, WEGENER D T, et al. Evaluating the use of exploratory factor analysis in psychological research[J]. Psychological Methods, 1999, 4 (3): 272-299.

[304] GUILFORD J P. Fundamental Statistics in Psychology and Education[M]. New York, NY, USA: McGraw-Hill, 1950.

[305] HU L T, BENTLER P M. Cutoff criteria for fit indexes in covariance structure analysis: Conventional criteria versus new alternatives[J]. Structural Equation Modeling, 1999, 6(1): 1-55.

[306] IACOBUCCI D. Structural equations modeling: Fit Indices, sample size, and advanced topics[J]. Journal of Consumer Psychology, 2010, 20 (1): 90-98.

[307] FORNELL C, LARCKER D F. Evaluating Structural Equation Models with Unobservable Variables and Measurement Error[J]. Journal of Marketing Research, 1981, 18 (1): 39-50.

[308] BAGOZZI R P, YI Y. On the evaluation of structural equation models[J]. Journal of the Academy of Marketing Science, 1988, 16: 74−94.

[309] CHIN W W. Commentary: Issues and Opinion on Structural Equation Modeling[J]. MIS Quarterly, 1998, 22（1）: Vii−Xvi.

[310] STOKOLS D. Translating social ecological theory into guidelines for community health promotion[J]. American journal of health promotion: AJHP, 1996, 10（4）: 282−298.

[311] SKUKAUSKAITĖ A, Girdzijauskienė R. Video analysis of contextual layers in teaching−learning interactions, Learning[J]. Culture and Social Interaction, 2021, 29: 1−16.

[312] ROESLER A, HOLDER B, OSTROWSKI D, et al. Video prototyping for interaction design across multiple displays in the commercial flight deck[C]. Proceedings of the 2017 Conference on Designing Interactive Systems. New York: ACM, 2017: 271−283.

[313] TOGNAZZINI B. The "Starfire" videoprototype project: A case history[C]. Beth Adelson, Susan Dumais, Judith Olson. Proceedings of the SIGCHI Conference on Human Factors in Computing 5 Systems. New York: DBLP, 1994: 99−105.

[314] CHUANG Y, CHEN L, LIU Y. Design Vocabulary for Human—IoT Systems Communication[C]. Proceedings of the 2018 CHI Conference on Human Factors in Computing Systems（CHI'18）. New York: Association for Computing Machinery, 2018: 1−11.

[315] TENA S, DÍAZ P, DÍEZ D, et al. Bridging the communication gap: A user task vocabulary for multidisciplinary web development team[C]. Proceedings of the 13th International Conference on Interacci ó n Persona−Ordenador（INTERACCION'12）. New York: ACM, 2012: 27（7）.

[316] Cambridge Dictionary[DB/OL]. http: //dictionary.cambridge.org/, 2021−05−03.

[317] Vocabulary Dictionary[DB/OL]. https: //www.vocabulary.com/dictionary/, 2021−05−03.

[318] TATAR D. Using video−based observation to shape the design of a new technology[J]. SIGCHI Bull, 1989, 21（2）: 108−111.

[319] WINDLINGER L. Effective workplaces: contributions of spatial environments and job design—A study of demands and resources in contemporary Swiss offices[D]. London: University College, 2012.

[320] CHARLES K E, VEITCH J A. Environmental satisfaction in open−plan environments: 2. Effects of workstation size, partition height and windows[R]. Ottawa: Institute for Research in Construction, 2002.

[321] FRONTCZAK M, SCHIAVON S, GOINS J, et al. Quantitative relationships between occupant

satisfaction and satisfaction aspects of indoor environmental quality and building design[J]. Indoor Air, 2012, 22（2）: 119-131.

[322] KAHN R L, BYOSIERE P. Stress in organizations[C]. Dunnette M D, Hough L M. Handbook of Industrial and Organizational Psychology. Palo Alto, CA: Consulting Psychologists Press, 1992: 571-650.

[323] SIEGRIST J. Effort-reward imbalance at work and health[C]. Perrewé P L, Ganster D C. Historical and Current Perspectives on Stress and Health. New York: JAI Elsevier, 2002: 261- 291.

[324] LEATHER P, ZAROLA T, SANTOS A. The physical workspace. An OHP perspective[C]. Leka S, Houdmont J. Occupational health psychology. Chichester: Wiley-Blackwell, 2010: 225-249.

[325] EVANS G W, COHEN S. Environmental stress[C]. Spielberger C. Encyclopedia of Applied Psychology. New York: Elsevier, 2004: 815-824.

[326] KRAUT R E, EGIDO C, GALEGHER J. Patterns of contact and communication in scientific research collaboration Proceedings of the Conference on Computer-Supported Cooperative Work （CSCW 88）[C] New York: ACM, 1988: 1-12.

[327] COBB S. Presidential address-1976. Social support as a moderator of life stress[J]. Psychosomatic Medicine, 1976, 38（5）: 300-314.

[328] ZIMMERMAN R S, CONNOR C. Health promotion in context: The effects of significant others on health behavior change[J]. Health Education & Behavior, 1989, 16（1）: 57-75.

[329] WINDLINGER L, NENONEN S, AIRO K. Specification and empirical exploration of a usability concept in the built environment[R]. Madrid: EFMC 2010, 9th EuroFM Research Symposium, 2010.

[330] BLOCK L K, STOKES G S. Performance and satisfaction in private versus non-private work settings[J]. Environment and Behavior, 1989, 21（3）: 277-297.

[331] MAHER A, VON HIPPEL C. Individual differences in employee reactions to open-plan offices[J]. Journal of Environmental Psychology, 2005, 25（2）: 219-229.

[332] KÜLLER R, BALLAL S, LAIKE T, et al. The impact of light and colour on psychological mood: a cross-cultural study of indoor work environments[J]. Ergonomics, 2006, 49（14）: 1496-1507.

[333] KÜLLER R, MIKELLIDES B, JANSSENS J. Color, arousal, and performance—a comparison of three experiments[J]. Color Research and Application, 2009, 34（2）: 141-152.

[334] NIEUWENHUIS M, KNIGHT C, POSTMES T, et al. The relative benefits of green versus lean office space: Three field experiments[J]. Journal of Experimental Psychology, 2014, 20 (3): 199.

[335] BRINGSLIMARK T, HARTIG T, PATIL G G. The psychological benefits of indoor plants: A critical review of the experimental literature[J]. Journal of Environmental Psychology, 2009, 29: 422-433.

[336] KWEON B S, ULRICH R S, WALKER V, et al. Anger and stress. The role of landscape posters in an office setting[J]. Environment and Behavior, 2008, 40 (3): 355-381.

[337] PAYNE S R. The production of a perceived restorativeness soundscape scale[J]. Applied Acoustics, 2013, 74 (2): 255-263.

[338] KIM J, DEAR R. Nonlinear relationships between individual IEQ factors and overall workspace satisfaction[J]. Building and Environment, 2012, 49: 33-40.

[339] MARMOT A F, ELEY J, STAFFORD M, et al. Building health: an epidemiological study of sick building syndrome in the Whitehall study[J]. Occupational and Environmental Medicine, 2006, 63: 283-289.

[340] NEWSHAM G, BRAND J, DONNELLY C, et al. Linking indoor environment conditions to job satisfaction: a field study[J]. Building Research & Information, 2009, 37 (2): 129-147.

[341] VEITCH J A, CHARLES K E, FARLEY K M J, et al. A model of satisfaction with open-plan office conditions: COPE field findings[J]. Journal of Environmental Psychology, 2007, 27: 177-189.

[342] VEITCH J A. Lighting for high-quality workplaces[C]. Clements-Croome D. Creating the productive workplace. London: Taylor & Francis, 2005: 206-222.

[343] CURRY S, WAGNER E H, GROTHAUS L C. Intrinsic and Extrinsic Motivation for Smoking Cessation[J]. Journal of Consulting and Clinical Psychology, 1990, 58: 310-316.

[344] FISHBEIN M, AJZEN I. Belief, attitude, intention, and behavior: An introduction to theory and research[M]. Reading, MA: Addison-Wesley, 1975.